Raies Mohamed Ali
Ben Hammed Alaeddin

Navigation intelligente du robot mobile

Raies Mohamed Ali
Ben Hammed Alaeddin

Navigation intelligente du robot mobile

Concevoir, simuler puis implémenter un contrôleur
neuronal pour la navigation du robot

Éditions universitaires européennes

Impressum / Mentions légales
Bibliografische Information der Deutschen Nationalbibliothek: Die Deutsche Nationalbibliothek verzeichnet diese Publikation in der Deutschen Nationalbibliografie; detaillierte bibliografische Daten sind im Internet über http://dnb.d-nb.de abrufbar.
Alle in diesem Buch genannten Marken und Produktnamen unterliegen warenzeichen-, marken- oder patentrechtlichem Schutz bzw. sind Warenzeichen oder eingetragene Warenzeichen der jeweiligen Inhaber. Die Wiedergabe von Marken, Produktnamen, Gebrauchsnamen, Handelsnamen, Warenbezeichnungen u.s.w. in diesem Werk berechtigt auch ohne besondere Kennzeichnung nicht zu der Annahme, dass solche Namen im Sinne der Warenzeichen- und Markenschutzgesetzgebung als frei zu betrachten wären und daher von jedermann benutzt werden dürften.

Information bibliographique publiée par la Deutsche Nationalbibliothek: La Deutsche Nationalbibliothek inscrit cette publication à la Deutsche Nationalbibliografie; des données bibliographiques détaillées sont disponibles sur internet à l'adresse http://dnb.d-nb.de.
Toutes marques et noms de produits mentionnés dans ce livre demeurent sous la protection des marques, des marques déposées et des brevets, et sont des marques ou des marques déposées de leurs détenteurs respectifs. L'utilisation des marques, noms de produits, noms communs, noms commerciaux, descriptions de produits, etc, même sans qu'ils soient mentionnés de façon particulière dans ce livre ne signifie en aucune façon que ces noms peuvent être utilisés sans restriction à l'égard de la législation pour la protection des marques et des marques déposées et pourraient donc être utilisés par quiconque.

Coverbild / Photo de couverture: www.ingimage.com

Verlag / Editeur:
Éditions universitaires européennes
ist ein Imprint der / est une marque déposée de
OmniScriptum GmbH & Co. KG
Heinrich-Böcking-Str. 6-8, 66121 Saarbrücken, Deutschland / Allemagne
Email: info@editions-ue.com

Herstellung: siehe letzte Seite /
Impression: voir la dernière page
ISBN: 978-3-8417-4710-5

Sommaire

3

Liste des figures

4

Liste des Tableaux

Introduction générale

Les systèmes embarqués sont de plus en plus performants et efficaces. Ils ne cessent pas d'envahir notre quotidien dans les moyens de communication ou de transport ainsi de la robotique mobiles qui est la branche de l'intelligence artificielle concernée par l'étude des systèmes automatiques capables d'interagir directement avec le monde physique.

C'est dans ce cadre que notre travail intitulé « Navigation   intelligente du robot mobile Robotino », réalisé par Mr Raies Mohamed Ali , a pour objectif d'étudier la partie matérielle et la partie logicielle de la plateforme « Robotino » de Festo et de réaliser des exemples de navigation sous son propre environnement de programmation Robotino View et sous Matlab, concevoir, simuler et implémenter un contrôleur neuronal.

Cet ouvrage est structuré en trois grands chapitres :
Le premier est consacré pour une présentation de la robotique mobile. Nous avons défini en premier lieu la robotique et les différents types des robots mobiles. Nous nous attacherons à la notion « Robotino» ainsi à l'étude de son architecture et ces environnements de programmation.

Dans le second chapitre, nous nous sommes intéressés au développement des programmes de navigation avec le logiciel Robotino View2 et Matlab, tel que l'évitement d'obstacles, déplacement dans un labyrinthe….

Enfin, nous avons abordée dans le troisième chapitre à la commande intelligente du robot sous Matlab. Nous avons collecté une base de données nécessaire à l'apprentissage puis la commande neuronale de la navigation du robot.

Cahier des charges fonctionnel

L'objectif de cet ouvrage est de :
- Etudier la partie matérielle et la partie logicielle de Robotino.
- Réaliser des exemples de navigation du robot sous Robotino View et Matlab.
- Programmer sur une interface graphique la commande du robot sous Matlab.
- Réaliser et collecter des données à partir de différentes architectures de navigation.
- Concevoir, simuler puis implémenter un contrôleur neuronal pour la navigation du robot.

Chapitre 1 : Présentation de la plateforme « Robotino »

1. Introduction :

Les robots prennent actuellement une place importante dans notre vie, on les trouve dans toutes les entreprises pour rentabiliser la production ou pour agir dans les zones à risques, à la militaire, dans les services publics : hôpitaux, casernes de pompiers, la police, et aussi à l'exploration planétaire. Ce chapitre est consacre a la description et l'évolution de la robotique mobil on détaillera en particulier le robot mobile Robotino de Festo.

2. Définition et historique de la robotique:

2.1. Définition :

Un robot est un dispositif mécanique poly-articulé mis par des actionneurs et commandé par un contrôleur (calculateur) accomplissant automatiquement une grande variété des tâches qui sont généralement considérées comme dangereuses, pénibles, répétitives, impossibles pour les humains ou dans un but d'efficacité supérieure.

2.2. Historique : [1]

Au cours de l'évolution de la robotique on peut distinguer 3 générations de robots :

La **première génération** de machine que l'on peut appeler robot est "l'automates". Ceux-ci sont généralement programmés à l'avance et permettent d'effectuer des actions répétitives.

La **seconde génération** de robot correspond à ceux qui sont équipés de capteurs. Ces capteurs permettent au robot une relative adaptation à son environnement afin de prendre en compte des paramètres aléatoires qui n'aurait pu être envisagés lors de leur programmation initiale.

Enfin, la **dernière génération** des robots qui disposant d'une intelligence dite "artificielle" et reposant sur des modèles mathématiques complexes tels que les réseaux de neurones. En plus de capteurs physiques comme leurs prédécesseurs, ces robots peuvent prendre des décisions beaucoup plus complexes et s'appuient également sur un apprentissage de leurs erreurs comme peut le faire l'être humain.

3. Les différents types de robots : [2]

❖ **Robots industriels :**

Les robots sont intensivement utilisés dans l'industrie, où ils effectuent sans relâche des tâches répétitives et avec rigueur. Ils sont maintenant utilisés pour fabriquer presque tous les types de produits mais ils sont surtout présents dans l'industrie automobile. Des robots soudeurs, de démolition, de nettoyage, d'emballage ou de surveillance.

❖ **Robots domestiques :**

Les robots domestiques sont des robots au service des particuliers. On peut citer l'exemple du chien « AIBO » de SONY [9]. Cet automatisme peut se déplacer, perçois son environnement et reconnaître des commandes vocales. Il est considéré comme autonome.

❖ **Robots chirurgicaux :**

Un robot chirurgical est connu sous le nom « robot médical » et piloté par un médecin. Il se présente sous forme de bras mécaniques couplés à un ordinateur ou par des bras articulés qui sont actionnés par le chirurgien .Ses mouvements sont reproduits en temps réel. (Ex : Da Vinci S crée par Intuitive Surgical).

❖ **Robots explorateurs :**

Les robots explorateurs remplacent l'homme dans des environnements difficiles et dangereux, dans les centrales nucléaire par exemple et dans l'espace se fait par ces robots pour transmettre les informations obtenues grâce à leurs nombreux capteurs vers la Terre. Les robots d'exploration spatiale est obligatoire êtres totalement autonome, du fait du temps qui s'écoule entre l'envoi d'une commande depuis la Terre, et la réception de cette commande par le Robot. Celui-ci doit donc être capable de réagir tout seul aux évènements. (Ex : Robot LAMA d'Alcatel Space Industries)

❖ **Robots humanoïdes :**

Ces robots sont dotés de la bipédie et sont capables de faire des choses que seul l'humain était capable de faire à ce jour. Une des plus grandes innovations technologiques dans le domaine de la robotique est sans doute de robot humanoïde « Asimo » (Avanced Step In Innovative Mobility) créé par Honda. Ce robot est capable de modifier sa trajectoire en marchant, de monter et descendre des escaliers, de reconnaître des visages et de comprendre la parole humaine. (Ex : le robot de recherche « khepera »)

4. Robotino : [3]

Robotino est un robot didactique qui peut être utilisé également pour la recherche, le développement de programme de navigation… C'est un système robotique mobile opérationnel de grande qualité à entraînement omnidirectionnel. Il est muni d'une Webcam et de plusieurs types de capteurs : analogiques pour la mesure de distances, binaires pour éviter les collisions, par exemple, et numériques pour contrôler la vitesse réelle. La programmation du Robotino peut être effectuée depuis un PC via un réseau local sans fil (WLAN). La figure suivante représente une image réelle du robot (Figure 1).

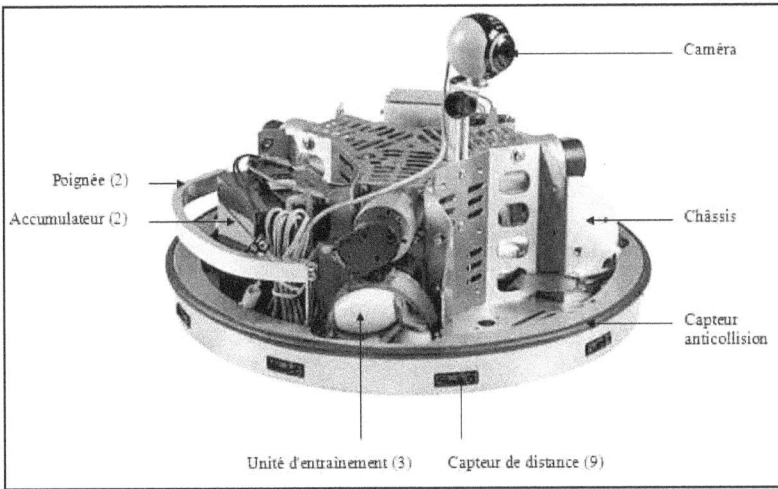

Figure 1: Image de la plateforme "ROBOTINO"

Les dimensions du robot sont les suivantes :

- Diamètre : 370 mm
- Hauteur : 210 mm
- Poids total : 11 kg environ

Dans la partie suivante, nous allons préciser les différents composants de ce système.

4.1. Architecture et fonctionnement :

4.1.1. Châssis :

Le châssis est constitué d'une plateforme en acier inoxydable soudée au laser. Les accumulateurs, les unités d'entraînement et la caméra sont montés sur ce châssis. On y trouve également les capteurs de distance et le capteur anticollision. Le châssis dispose encore de places libres, offrant ainsi la possibilité de fixer d'autres structures, capteurs ou actionneurs. Sur la figure 1, on a présenté une image des déférents composants placés sur le châssis.

La liaison fonctionnelle entre Les déférents composants de Robotino est présentée sous la forme d'un schéma synoptique qui décrit le fonctionnement de point de vue système. Le schéma synoptique est représenté dans la figure 2.

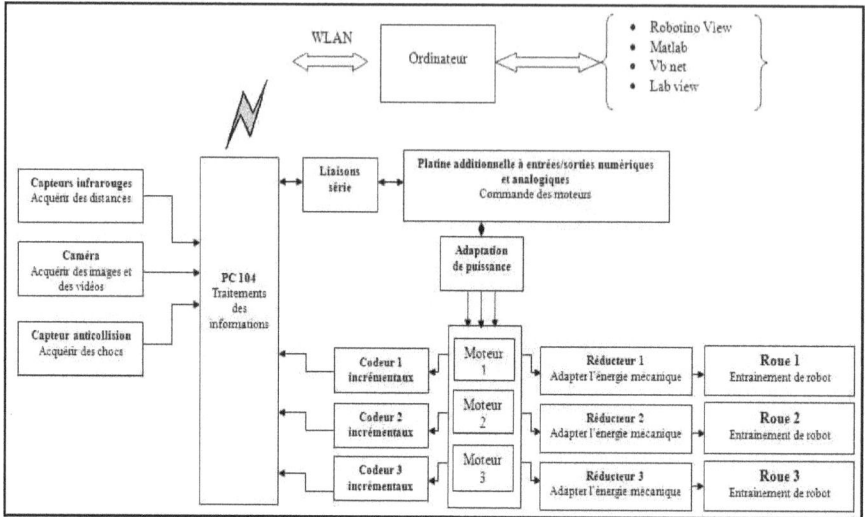

Figure 2: Schéma synoptique de Robotino

4.1.1.1. Alimentation

Le système est alimenté par deux accumulateurs plomb-gel rechargeables de 12 V, 4 A assurant une autonomie de deux heures.

4.1.1.2. Module Unité d'entraînement :

Robotino est conduit par trois unités motrices indépendantes. Elles sont montées avec un angle de 120° entre elles. Chacune de ces unités comprend les composants suivants : un moteur à courant continu avec encodeur, un réducteur à engrenage, un réducteur poulies/courroie synchrone et une roue suédoise. Une image du module d'entrainement est présentée sur la figure 3.

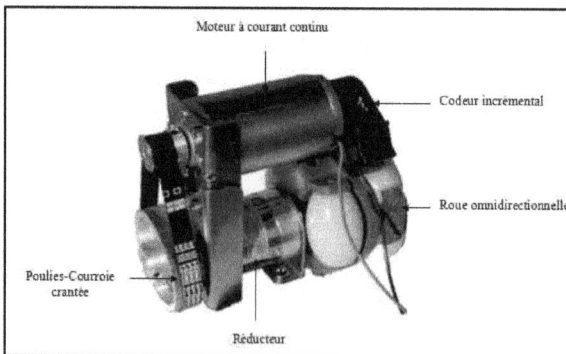

Figure 3: Module unité d'entrainement

12

4.1.1.2.1. Moteur à courant continu:

Robotino est muni d'un moteur à courant continu (GR 42x25 de DUNKERMOTOR [11]) qui est caractérisé par une tension nominale de 24V CC. Sa vitesse nominale peut atteindre 3600 tr/min avec un couple nominale de 3,8 Ncm. Ce moteur nécessite au démarrage un courant de 4A et un couple de 20Ncm. Le rendement et la vitesse du moteur sont représentés dans la figure 4. (Voir annexe 1)

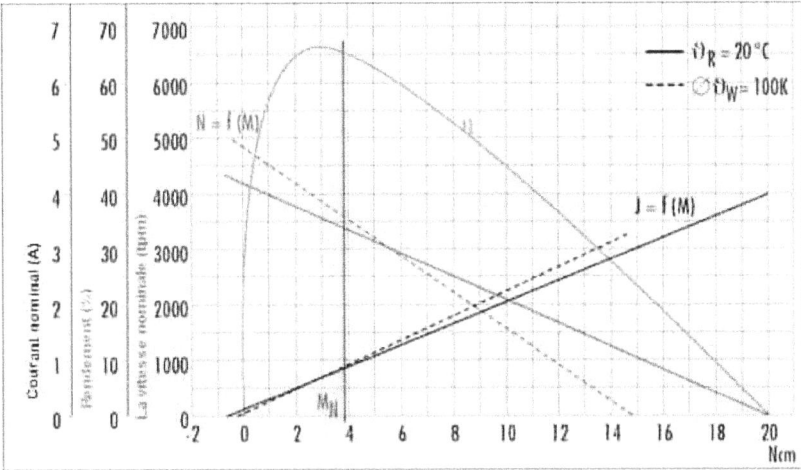

Figure 4:Caractéristiques du moteur GR 42 x25.

La régulation de vitesse de chaque moteur est assurée par un régulateur PID de structure parallèle. (Figure 5)

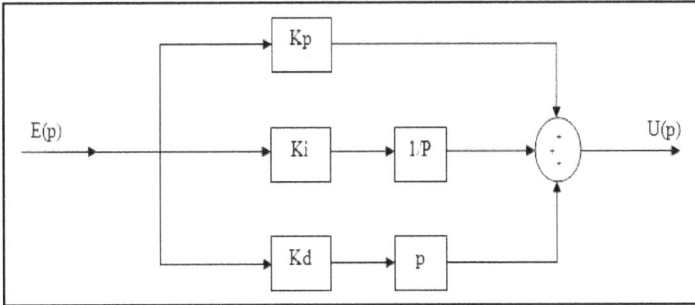

Figure 5: Structure du régulateur PID

Les paramètres du régulateur sont définis par :
- Kp → Composante proportionnelle du régulateur PID.
- Ki → Composante intégrale du régulateur PID.
- Kd → Composante différentielle du régulateur PID.

Les valeurs par défaut sont :
kp = 25 ; ki = 25 ; kd = 25

4.1.1.2.2. Réducteur :

L'unité d'entrainement de Robotino utilise le réducteur planétaire (PLG 42S) de rapport 1 :16 qui sert à réduire la vitesse et augmenter le couple du moteur. Il permet d'augmenter le couple moteur afin d'entrainer en rotation la roue suédoise sous l'effet d'un nouveau couple. (Voir annexe 2)

4.1.1.2.3. Codeur incrémental :

Le codeur incrémental permet de mesurer la vitesse de rotation réelle de chaque moteur. Le codeur compte 2000 impulsions par tour de chaque moteur. (Voir annexe 3)

4.1.1.2.4. Roue omnidirectionnelle :

Ce type des roues d'une structure cinématique générale comportant des rouleaux en forme de "tonneaux" peuvent différer légèrement d'une construction à une autre. Cette structure originale permet d'évoluer sur un plan horizontal et de se déplacer à tout instant dans toutes les directions avec la possibilité supplémentaire d'effectuer un mouvement de rotation. La roue de Robotino (ARG 80) de diamètre 80 mm à une capacité de charge maximale qui peut atteindre 40 kg. (Figure 6).

Figure 6: Roue Omnidirectionnelle

4.1.1.3. Caméra :

Le Robotino est équipé d'une caméra Web couleur à interface USB. Elle permet d'exploiter les images pour la commande du Robot. Les résultats issus de la caméra peuvent êtres utilisés pour localiser des objets ou suivre une trajectoire ou un objet. (Voir annexe 4).

4.1.1.4. Les capteurs :

Le Robotino comporte plusieurs types de capteurs : des capteurs infrarouges analogiques pour la mesure de la distance, des capteurs incrémentaux numériques pour mesurer le déplacement et un capteur de choc de type tout ou rien pour éviter les collisions.

4.1.1.4.1. Capteurs de distance infrarouge :

Le robot est muni de 9 capteurs infrarouges (GP2D120, SHARP) placés sur le châssis à 40° les uns des autres de façon à couvrir toute la zone autour du Robot et à détecter la présence d'objets. Chacun de ces capteurs peut être interrogé individuellement à l'aide de la platine E/S. Le capteur permet de mesurer de façon précise ou relative la distance d'un objet entre 4 cm et 30 cm. Sa particularité réside dans la simplicité de son raccordement qui se limite à l'alimentation électrique et à un signal de sortie analogique.L'emplacement des capteurs infrarouges sur le robot est donné par la figure 7. (Voir annexe 5)

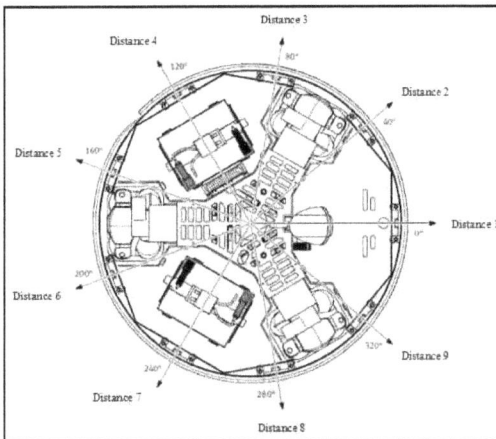

Figure 7: Emplacement des capteurs de distance.

La figure 8 présente une image du capteur infrarouge ainsi que sa courbe caractéristique Tension en fonction de la distance :

15

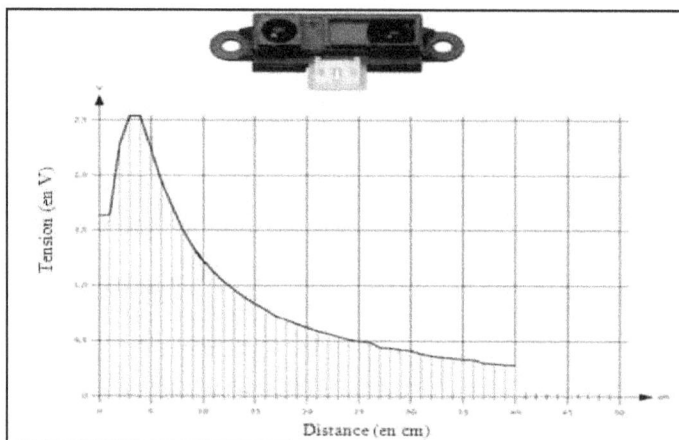

Figure 8: Capteur infrarouge et son courbe de caractéristique.

4.1.1.4.2. Capteur anticollision :

Le capteur anticollision ou pare-choc est une barre de commutation tout ou rien fixée autour du châssis. Un profilé en plastique abrite une chambre de commutation composée de deux zones conductrices séparées qui sont court-circuitées dès le moindre contact avec un obstacle. (Voir annexe 6)

4.1.2. Pont de commande :

Les éléments très fragiles du système tels que la commande, le module E/S ou les interfaces se trouvent dans le pont de commande. La figure 9 représente une image réelle du pont de commande de Robotino :

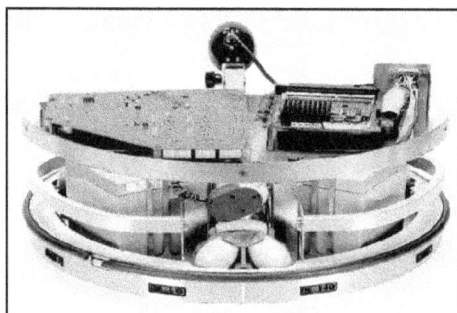

Figure 9: Pont de commande

4.1.2.1. Module unité de commande :

La commande de Robotino se compose d'un ordinateur de bord (PC104) muni d'une carte compact flash.

4.1.2.1.1. Processeur MOPSIcdVE PC 104 :

Le MOPSlcdVE (Réduit système PC Open) avec son processeur VIA Eden 300 MHz offre une grande fiabilité et des performances à faible consommation d'énergie. Le MOPSlcdVE de KONTRON [10] est une carte à processeur à taux d'intégration élevée qui comprend, un connecteur 10/100 Mbit Ethernet, 2 interfaces USB, un timer chien de garde et une horloge temps réel. Cette carte peut être équipé de jusqu'à 1 Go de DDR-RAM. Le cœur de la commande PC 104 est un système d'exploitation Linux temps réel, il exploite les données des capteurs et pilote les unités motrices de Robotino.

La figure suivante présente l'image de la carte MOPSlcdVE : (voir annexe 7)

Figure 10: Image de la carte MOPSlcdVE

4.1.2.1.2. Carte mémoire Compact Flash (1 Go) :

La carte Compact Flash contient plusieurs applications de démonstration ainsi que le système d'exploitation Linux.

Les applications de démonstration peuvent être directement lancées depuis le clavier de commande du Robotino.

4.1.2.1.3. Point d'accès WLAN :

Le point d'accès WLAN est un composant qui assure la communication entre le robot et un ordinateur via une adresse IP. Il permet d'atteindre des débits de 54 Mbit/s, avec une portée plus grande Jusqu'à 100 m de point d'accès. Il se configure rapidement et aisément via l'utilitaire de gestion Web.

4.1.2.2. Les interfaces utilisateur et ports de communication:
4.1.2.2.1. Clavier et afficheur :

La maîtrise directe du robot, tel que le démarrage initial de l'ordinateur de commande, l'indication d'état des accumulateurs et la configuration des liaisons réseau, est assurée par un afficheur et un clavier à membrane intégrés dans le boîtier de commande.

4.1.2.2.2. Les ports de communications :

Les connecteurs, Ethernet, USBs et VGA, servent à raccorder des interfaces externes telle qu'un clavier, une sourie ou un écran.

4.1.2.2.3. Le module d'extensibilité :

Un bornier supplémentaire à entrés/sorties numériques et analogiques permet d'adapter des matériels extensibles tel que des capteurs de température, bras manipulateur, à fin d'améliorer les applications.

• 8 entrées analogiques (0-10 volts).

• 8 entrées/sorties numériques.

• 2 relais pour des actionneurs supplémentaires.

4.2. Les environnements de programmation :

Robotino est une plateforme de programmation très évoluée. En effet, il peut être programmé avec de nombreux langages qui sont Robotino View, C++, JAVA, Visual Basic, Matlab, Labview.

Cependant, pour faciliter la prise en main du Robotino, « Festo Didactic » propose le logiciel de programmation graphique : RobotinoView 2.

Ce logiciel permet à la fois une prise en main aisée mais aussi, de par la richesse de sa bibliothèque, permet de programmer des applications très complexes. Son principe repose sur le fait d'utiliser des blocs graphiques, de les relier entre eux afin de donner une intelligence au Robotino. Par communication Wifi ou bien en téléchargeant votre programme dans le Robotino, vous le piloterez afin qu'il réalise ce que vous souhaitez.

La figure 11 présente les différents environnements de programmation de Robotino.

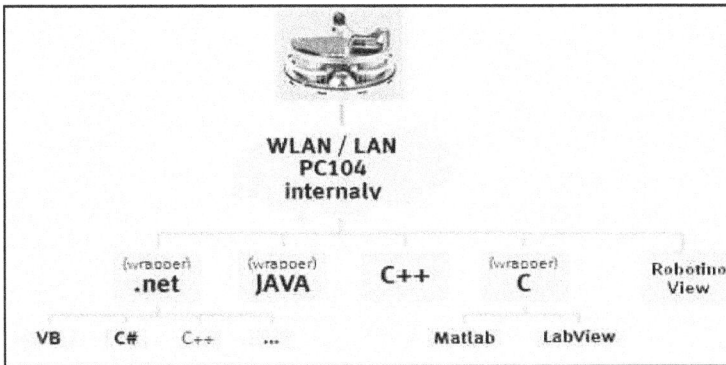

Figure 11: Les environnements de programmation

5. Robotino View2 : [5]

5.1. Description du Robotino View 2 :

Robotino View2 est l'environnement graphique interactif de programmation et de formation pour Robotino. Ce logiciel offre plusieurs avantages qui facilitent la manipulation du robot tel que :

- Une interaction directe avec le robot via une WLAN sans aucune compilation.
- Une librairie complète de fonctions (modélisées en bloc) pouvant être reliées pour réaliser des applications simples ou très complexes.
- Un affichage en temps réel des entrées et des sorties de chaque fonction.
- Boite de dialogue permettant de modifier les paramètres de chaque bloc en temps réel.
- Récupération de tous les signaux pour analyse et traitement lors de TP.
- Outil pour créer ses propres fonctions C++
- Plusieurs programmes peuvent fonctionner simultanément et s'échanger des données.
- Programmation en GRAFCET.
- Outil pour créer une communication OPC.

Robotino View 2 offre de nombreuses possibilités d'exploitations et d'exercices possibles. Voici, par exemple, les domaines qui pourront être abordés:

- Etude de capteurs
- Mécanique
- Calcul vectoriel
- Traitement de l'image

19

- Outils de robotique
- Asservissement de position (Odométrie)
- Asservissement de vitesse
- Calcul de distance mesurée
- Navigation
- Echange de données
- Réalisations de courbes
- robotiques: Réalisation de programmes simples ou complexes pour des applications surveillance, suivi de tracé, évitement d'obstacles,... etc.

La figure 12 présente l'interface graphique de Robotino View2 :

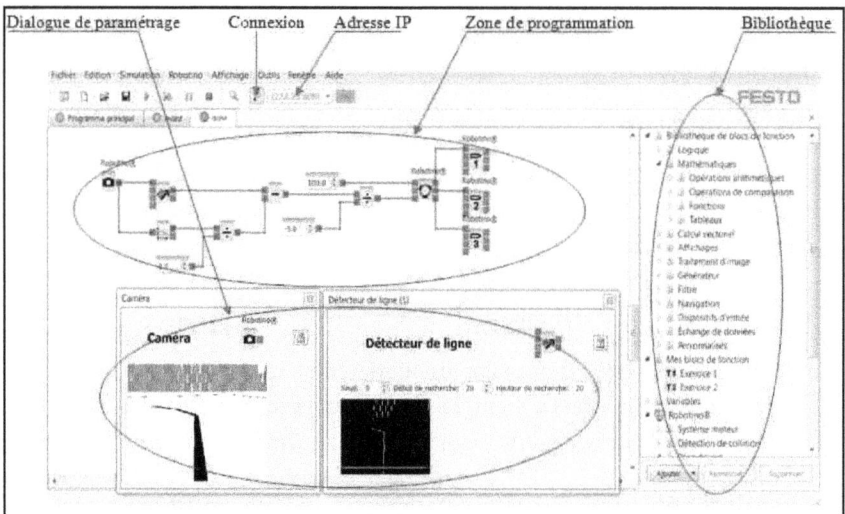

Figure 12: l'interface de Robotino View2

5.2. Robotino SIM Démo :

En plus du robot en lui-même, un outil de simulation 3D est fourni " Robotino® SIM Démo ": Un domaine bien précis composé d'obstacles, de lignes,...etc. tel que son interface est présentée sur la figure 13.

- Outil parfait pour tester les programmes avant de les implanter dans le robot.
- Dans cet environnement de simulation, le Robotino peut être programmé et piloté avec Robotino View, en C++, en JAVA, avec MATLAB/SIMULINK et Labview, etc.....

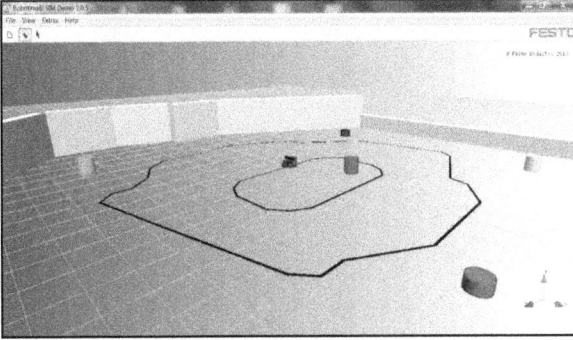

Figure 13: Robotino SIM Demo.

6. Conclusion :

Dans ce chapitre nous avons présenté les robots mobiles et leurs domaines d'application par la suite nous avons présenté les différents composants de Robotino ainsi son environnement graphique Robotino View. On accède à la partie programmation sous Robotino View2 et Matlab.

Chapitre 2 : programmation sous Robotino View2 et Matlab

1. Introduction :

Dans ce chapitre, on s'intéresse dans un premier lieu à la programmation de la commande du robot avec le logiciel Robotino View. Ensuite, nous allons développer des algorithmes de navigation avec le logiciel Matlab ainsi que la réalisation d'une interface graphique avec l'outil GUI.

2. Programmation par Robotino View 2 : [5]

Dans cette partie, nous allons décrier notre programme de navigation : Déplacement dans un labyrinthe.

2.1. Validation des performances et calcule théorique:

Pour faire déplacer le robot, il faut donner à chaque moteur sa vitesse de rotation en tours/minute. On souhaite donc trouver la relation qui lie vitesse du robot et vitesse de rotation des moteurs. Le Robotino possède trois réducteurs entre les moteurs et les roues omnidirectionnelles. Cela permet de diminuer la vitesse de rotation du moteur et d'augmenter le couple.

2.1.1. Calcul des vitesses du robot en fonction de la vitesse de rotation du moteur :

Commençons par calculer le rapport de réduction $\frac{N_{roue}}{N_{moteur}}$.

Le schéma cinématique du réducteur est représenté sur la figure 14.

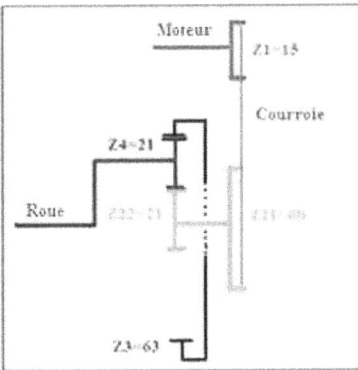

Avec :
-L'axe moteur (Z_1=15 dents).
- L'arbre d'entré du réducteur (Z_{22}=21 dents et Z_{21}= 60 dents).
- Le châssis de la transmission (Z_3=63 dents).
- Le satellite relié à la roue omni (Z_4=21dents).

Figure 14 : schéma cinématique du réducteur

Une courroie de rapport : $R1 = (Z / Z_{22}) = 1/4$. [8]
Un train épicycloïdal de rapport : $R2 = Z_4/ (2*(Z_4+Z_{22})) = (Z_1 / (Z_1+Z_3)) = 1/4$. [8]
Enfin on calcul le rapport de réduction total : $R = R1 \times R2 = 1/16$.

2.1.2. Etude d'un mouvement de translation rectiligne :

Nous cherchons à déterminer les ordres de commande de chaque moteur. L'orientation opposée des deux roues avant cause une différence entre la vitesse du robot et la vitesse de la roue. En effet, pour déterminer la vitesse du robot en fonction de la vitesse du moteur, on a fait le calcule suivant :

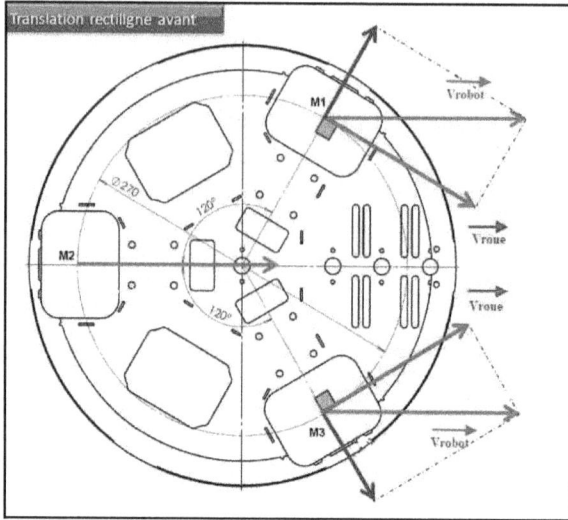

Figure 15:représentation vectorielle pour l'avance.

- $\frac{Vroue}{Vrobot} = \sin(60)$

  $\implies Vrobot = \frac{Vroue}{\sin(60)}$

- $Vroue(mm.S^{-1}) = Rroue * Wroue$

- $Rroue = \frac{80mm}{2} = 40mm$

- $Wroue(rad.S^{-1}) = \frac{Wmoteur}{16} = \frac{Nmoteur}{16} * \frac{\pi}{30}$

  $\implies Vrobot = 40 * \frac{Nmoteur}{0,87*16} * \frac{\pi}{30}$

  $\implies Vrobot(mm.s^{-1}) = 0,3023 * Nmoteur$

Avec :

*Vroue : c'est la vitesse de la roue par rapport à la sole.

*Vrobot : c'est la vitesse du robot par rapport à la sole en tour par minute.

*Rroue : c'est le rayon de la roue.

*Wroue : c'est la vitesse angulaire de la roue.

*Nmoteur : c'est le nombre de tour du moteur.

2.1.3. Etude d'un mouvement de rotation :

On souhaite ici connaitre la vitesse de rotation du robot en fonction de la vitesse de rotation des moteurs. Le plus pratique est de faire tourner les trois roues à la même vitesse.

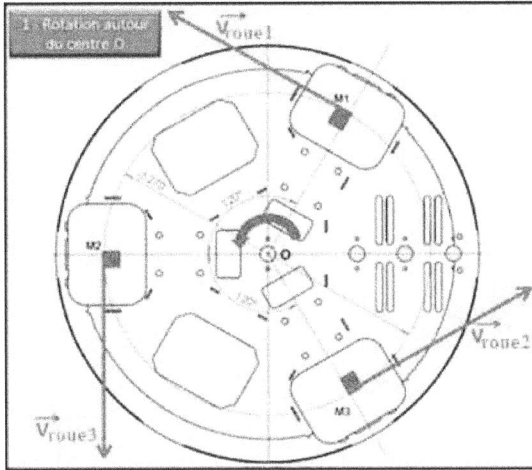

Figure 16: représentation vectorielle pour la rotation

- $Vroue1 = Vroue2 = Vroue3 = Vroue$

- $Vroue(mm.S^{-1}) = \frac{1}{16} * \text{Wmoteur} * \text{Rroue} = \frac{\text{Nmoteur}}{16} * \frac{\pi}{30} * \text{Rroue}$

- $Wrobot = \frac{Vroue}{\text{Rrobot}} = \frac{(\frac{\text{Nmoteur}}{16} * \frac{\pi}{30} * \text{Rroue})}{\text{Rrobot}}$

- $Rroue = 40\text{mm}$ et $\text{Rrobot} = 135\text{mm}$

Avec : Rrobot le rayon du robot.

$\implies Wrobot(rad.S^{-1}) = 1{,}94 * 10^{-3} * \text{Nmoteur}$

- $Vrobot(mm.s^{-1}) = 1{,}94 * 10^{-3} * \frac{30}{\pi} * \text{Nmoteur} = 0{,}019 * \text{Nmoteur}$

2.1.4. Etude pratique :

Expérimentalement, nous avons constaté qu'une vitesse de 500tr/min pour le moteur convenait bien à la fois quand il avance et quand il tourne. D'après ces calculs, cela nous fait une vitesse quand il avance de

$Vrobot = 0{,}3023 * 500 = 151{,}15mm/s$

Pour vérifier nos calculs, nous avons fait rouler le robot sur 2 mètres, et cela correspond à une durée de 13,4 secondes, c'est-à-dire une vitesse V = distance/temps = 149,25 mm/s. Cette différence avec le calcul théorique, qui est cependant relativement faible, peut s'expliquer par un manque de précision des calculs expérimentaux, et une part de frottements au niveau des roues. Au fur et à mesure des essais, cette vitesse nous a paru lente mais elle ne pouvait pas être plus rapide. En effet, nous avons rencontré beaucoup de problèmes concernant la précision

25

des rotations, des capteurs. Une vitesse plus rapide n'aurait fait qu'augmenter ces difficultés.

2.2. Le Codeur incrémentale :

On souhaite suivre l'avancement du robot de manière "quantitative".
En effet, nous avons besoin de lui faire subir un déplacement précis.
Par exemple, lorsque le robot arrive devant un obstacle, on ne peut pas lui dire :"tourne de 90°" mais plutôt dire au moteur : "tourne de X tours", dans le logiciel.
Le Robotino possède pour cela un codeur incrémental pour chaque moteur. Ces codeurs font 2000 impulsions par tour. Un tour de roue correspond à 16 tours de moteur (voir rapport de réduction). Donc un tour de roue correspond à 16x2000=32000 impulsions du codeur. Prenons un exemple concret d'une situation où l'on utilise le codeur.
Lorsque le robot se retrouve face à un obstacle, on souhaite lui faire un quart de tour.
1/4 x 2pi x Rrobot = 212mm
2pi x Rroue x Nroue = 212 donc Nroue = 0.84 de tour
Avec Nroue est le nombre de tour de la roue.
Cela correspond à environ 27000 impulsions du codeur.
Les tests expérimentaux ont donnés une valeur de 24969 pour une rotation de 90°.
Cette erreur est causée par les frottements des roues avec le sol.

2.3. Linéarisation de la caractéristique du capteur infrarouge :

La figure suivante présente la zone de fonctionnement des capteurs lors de l'exécution de notre programme :

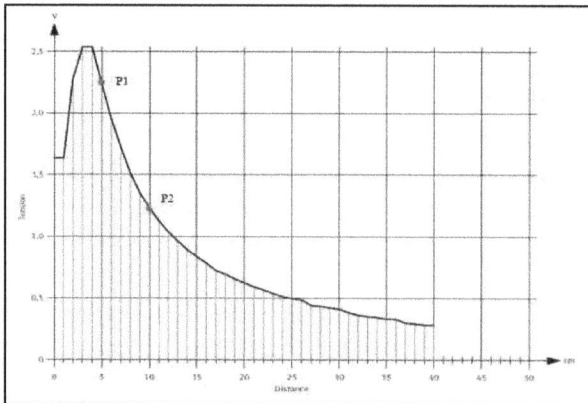

Figure 17: Zone de fonctionnement des capteurs.

- **Linéarisation de la caractéristique :**

La caractéristique du capteur est non linéaire, cela pose des problèmes de calcule. On souhaite alors rendre l'intervalle de 5 à 10 cm linéaire, afin d'éviter les erreurs de calcule.

Pour linéariser la zone de fonctionnement, il faut déterminer l'équation de la droite qui la correspondre.

L'équation d'une droite est : $\Rightarrow$ $y = a\,x + b$

Les valeurs mesurées des points P1 et P2 :

P1 : $x1 = 2{,}13$; $y1 = 5$

P2 : $x2 = 1{,}19$; $y2 = 10$

La pente de la droite : $M = \Delta y / \Delta x$

$\Delta y = y2 - y1 = 10 - 5 = 5$ et $\Delta x = x2 - x1 = 1{,}19 - 2{,}13 = -0{,}94$

On a donc $M = 5 / -0{,}94 = -5{,}3$

Il en résulte l'équation suivante pour le premier point de mesure :

$5 = -5{,}3 * 2{,}13 + b$; $5 = -11{,}3 + b$ $\Rightarrow$ On a donc $b = 11{,}3 / 5 = 16{,}3$

L'équation de cette courbe est donc : $\Rightarrow$ $\boxed{y = -5{,}3 * x + 16{,}3}$

Cette relation est valable pour tous les points de cette droite.

2.4. Programmation (déplacement dans un labyrinthe) :

Dans cette partie, on veut programmer le robot pour qu'il puisse se déplacer à travers un labyrinthe et d'éviter les obstacles.
Pour la navigation du robot, nous avant principalement utilisé les 5 capteurs avant (figure18).

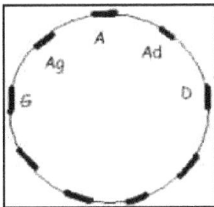

A : distance du capteur IR1.

Ag : distance du capteur IR2

G : distance du capteur IR3

Ad : distance du capteur IR9

D : distance du capteur IR8

Figure 18:notation des capteurs.

27

La forme du labyrinthe est présentée sur la figure 19 :

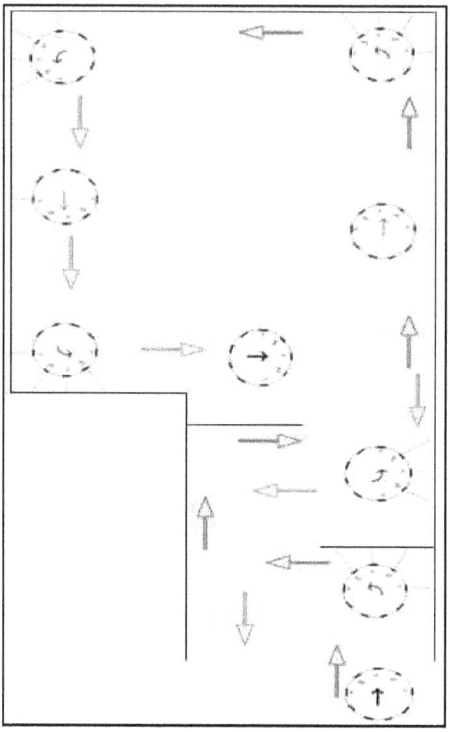

Figure 19:déplacer à travers le labyrinthe

2.5.Programme principale :

Sur la figure 20, nous avons présenté le grafcet du programme du parcoure. Chaque action utilisée dans le programme principal est en effet un sous programme. Les distances A, Ag, Ad, D et G sont déterminées en cm.

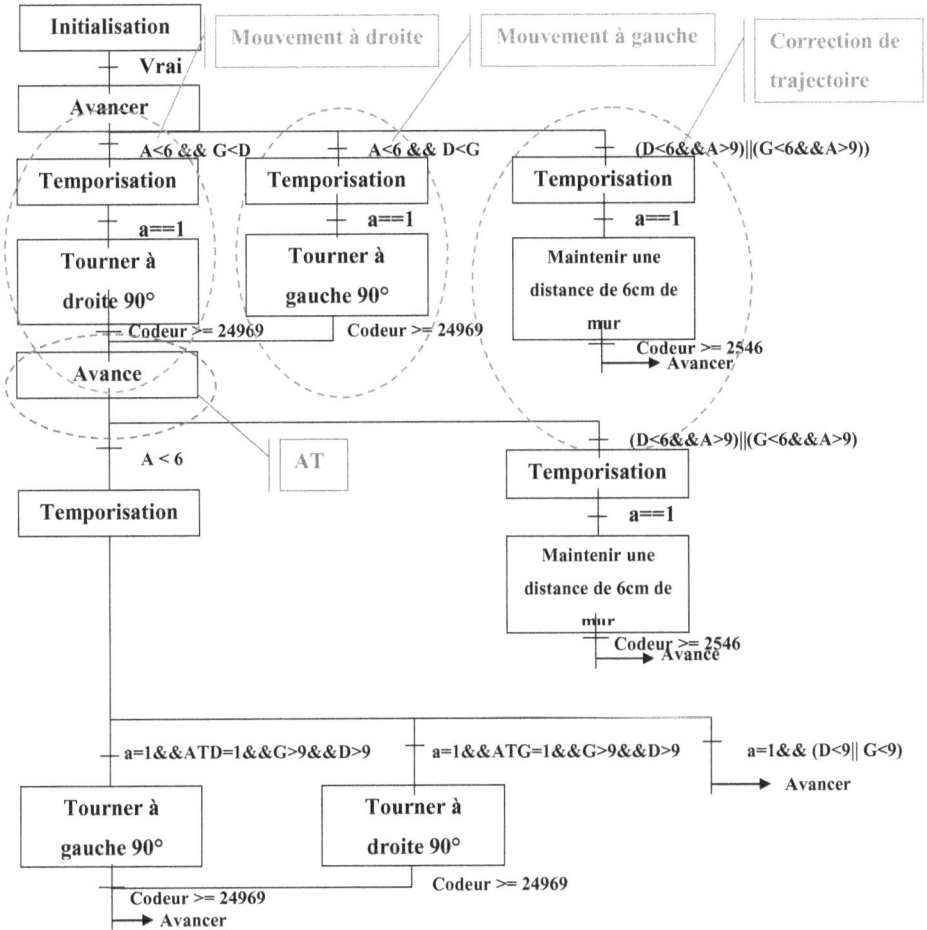

Figure 20: logigramme du programme principal

Le robot commence donc par avancer en ligne droite, jusqu'à ce que l'un des 3 cas suivants se présente.

Mouvement à droite°) Les capteurs détectent un mur en face et à gauche du robot: Le robot tourne vers la droite de 90° et mettre la variable ATD à 1.
Mouvement à gauche°) Les capteurs détectent un mur en face et à droite du robot: Le robot tourne vers la gauche de 90° et mettre la variable ATG à 1.

Correction de trajectoire°) Si Le robot est près du mur et rien en face (A>13), il tourner lentement, vers la droite (si G<6) ou à gauche (si D<6), de 2 degrés et déplace latéralement de 4cm. Une fois que le robot est bien positionné, il reprend le cours normal de son programme.

AT°) Une fois que le robot a tourné, il avance de manière perpendiculaire au labyrinthe jusqu'à rencontrer le prochain mur. La mémorisation précédente lui permet de savoir dans quel sens il doit maintenant tourner :

- Si ATD=1, il doit tourner à gauche.
- Si ATG=1, il doit tourner à droite.

La temporisation sert à laisser le temps au robot de vérifier à quelle distance est le mur.

2.6. Les sous-programmes :

Dans cette partie, nous intéressons à présenter les sous programmes de notre algorithme de navigation. En effet, comme nous avons expliqué précédemment les sous programmes sont une partie indispensable dans la programmation sous RobotinoView.

2.6.1. Sous programme "Avancer" :

Pour faire avancer le robot, il faut donner aux moteurs M1 et M3 des vitesses de rotation opposés mais égales en valeur absolue.

La lecture des tensions des capteurs est présente dans tous les sous programmes. On remarque ici la fonction de transfert qui permet de linéariser la caractéristique de chaque capteur.

Finalement, une initialisation des variables ATD et ATG est recuise ainsi que l'initialisation de la variable codeur de M1.

La figure 21 présente le schéma bloc du sous programme « avancer » :

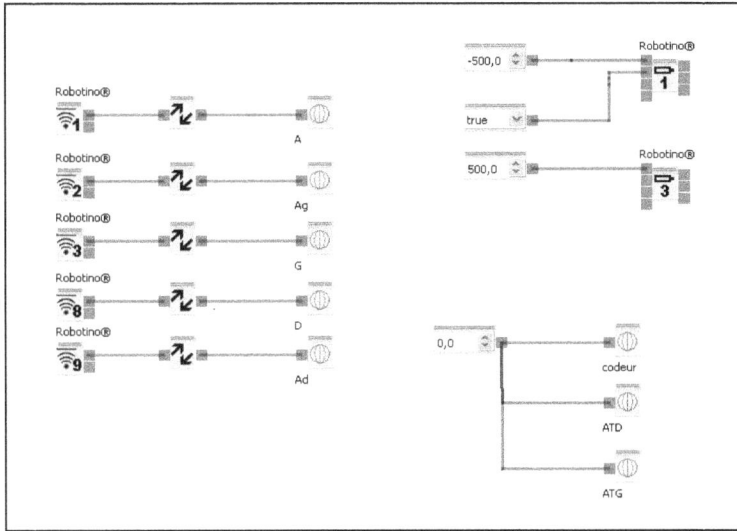

Figure 21: Sous programme "avancer"

2.6.2. Sous Programme "Rotation Droite" :

Le schéma bloc du sous programme de la rotation à droite est présenté sur la figure 22 :

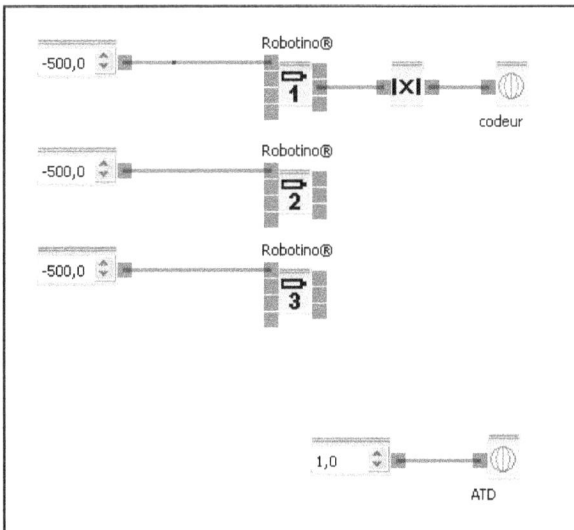

Figure 22: Sous programme de rotation à droite

Pour tourner à droite, il faut que les vitesses des trois moteurs soient égales et négatives. La variable codeur présente sur la sortie 2 du moteur 1 permet d'enregistrer le nombre d'incrémentations calculé par le codeur incrémental pour assurer la condition d'arrêt du sous programme. La variable ATD est mise à 1 afin qu'elle sera utilisée dans le sous programme avance AT.

3. Programmation avec Matlab :

« Festo Didactic » fournit, gratuitement, un Driver pour permettre la communication et la programmation du Robotino en utilisant directement le logiciel MATLAB/SIMULINK. [4]

Un ensemble complet de M-Files et des blocs de Simulink est disponible pour le contrôle de tous les actionneurs de Robotino et la lecture de tous ses capteurs.

3.1. La Boîte à outils de Robotino :

La boîte à outils Robotino fournit un vaste ensemble de fonctions qui permettent aux utilisateurs de contrôler presque tous les aspects de Robotino sous MATLAB. [4]

La figure 23 présente un schéma qui décrit la liaison entre le logiciel Matlab et la plateforme Robotino :

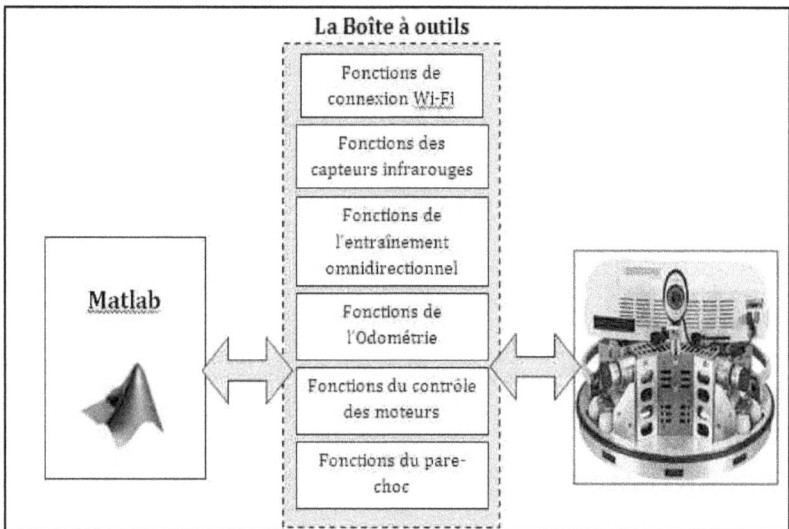

Figure 23: Boite à outils de Robotino

32

Il existe plusieurs fonctions de communication entre Matlab et Robotino telles que :

3.1.1. Les fonctions de la connexion WI-FI :

3.1.1.1. Com_construct :

La fonction com_constract permet la construction d'une interface de communication avec le robot.

3.1.1.2. Com_setAddress :

Cette fonction permet de définir l'adresse IP du Robotino à travers laquelle le robot communique avec le PC.

3.1.1.3. Com_connect :

Com_connect établi la communication avec le robot à travers l'adresse définit dans la fonction Com_setAddress.

3.1.1.4. Com_disconnect :

Une fonction qui réalise la déconnection du robot.

3.1.2. Les fonctions des capteurs infrarouges : (Distance Sensor)

3.1.2.1. DistanceSensor_construct :

Permet de construire l'objet Capteur de Distance.

3.1.2.2. DistanceSensor_setComId:

Associer un objet capteur de distance avec une interface de communication lient le capteur à un Robotino spécifique.

3.1.2.3. DistanceSensor_voltage :

Renvoie la valeur de tension du dispositif de capteur de distance spécifiée.

3.1.3. Les fonctions de l'omnidrive (Entraînement omnidirectionnel)

3.1.3.1. OmniDrive_construct :

Cette fonction permet de construire l'objet OmniDrive.

3.1.3.2. OmniDrive_setComId :

Assure la liaison de l'objet OmniDrive avec le Robotino à travers la connexion sans fil.

3.1.3.3. OmniDrive_setVelocities :

Fixer la vitesse du robot en coordonnées cartésiennes.

3.1.3.4. OmniDrive_getVelocities :

Retourne la vitesse du robot en coordonnées cartésiennes

3.1.4. Les fonctions de l'odométrie :

L'odométrie désigne le calcul de la position momentanée d'un véhicule en fonction des rotations effectuées par les roues. Le mot odométrie vient des mots grecs "hodos" (qui signifie "voyage") et "metron" (qui signifie "mesure").

Les données de l'odométrie de Robotino peuvent être lues en utilisant les fonctions Matlab. Ces informations sont fournies sous la forme de X, Y et Phi.

3.1.4.1. Odometry_construct :

Permet la création d'un objet Odometry.

3.1.4.2. Odometry_setComId :

Assure la liaison de l'objet Odometry avec le Robotino à travers la connexion sans fil.

3.1.4.3. Odometry_set :

Permet de régler les paramètres de l'odométrie du Robotino.

3.1.4.4. Odometry_get :

Cette fonction retourne la position actuelle du robot.

3.2. Les algorithmes de navigation :

3.2.1. Programme d'évitement d'obstacles :

Cet exemple illustre l'utilisation des capteurs de distance sur Robotino.
Robotino est équipé de 9 capteurs de distance infrarouge (numérotés de 0 à 8). Dans cet exemple, nous allons lire les tensions des capteurs 0 (IR1), 1 (IR2) et 8 (IR9) car ils sont en face du robot.
La figure 24 présente le logigramme du programme de navigation « évitement d'obstacle »

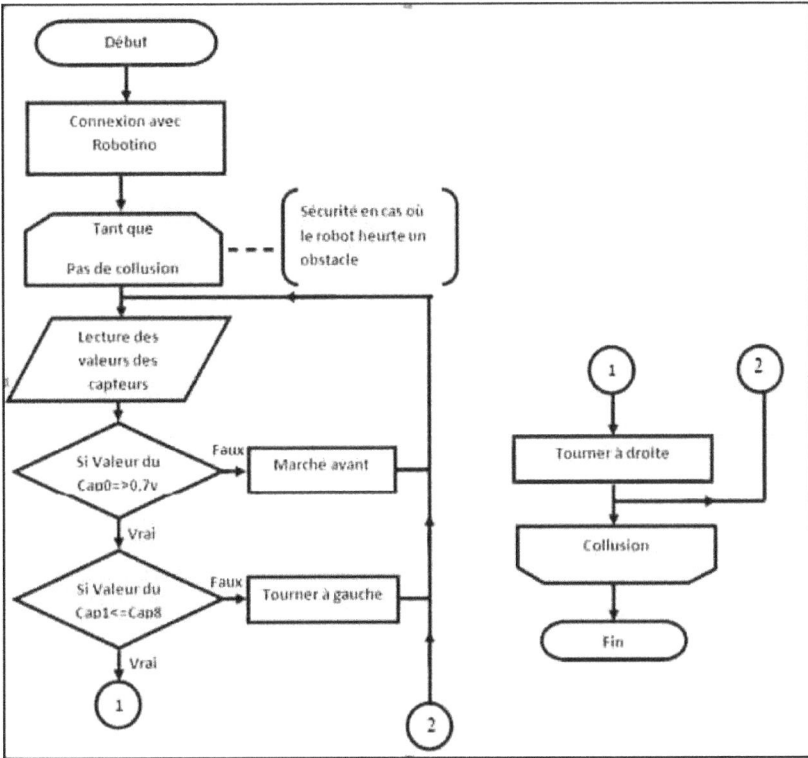

Figure 24: logigramme d'évitement d'obstacle

3.2.2. Le suivi de trajectoire :

Ce programme de navigation est basé sur l'utilisation de la fonction Odométrie de Robotino. L'odométrie désigne l'utilisation de données à partir du mouvement des trois actionneurs pour estimer la position du robot au cours du temps. Dans le problème de conception en cours, nous allons utiliser cette fonction pour estimer la position du robot mobile par rapport à sa position initiale.

Pour suivre une trajectoire, il faut avoir un point de départ et un point d'arriver. Pour cela, nous avons programmé le Robotino pour qu'il soit capable de parcourir un trajet donné et se dirigé vers le point d'arriver. Pour dessiner la trajectoire, nous avons conçu une interface graphique qui sera présenté après.

35

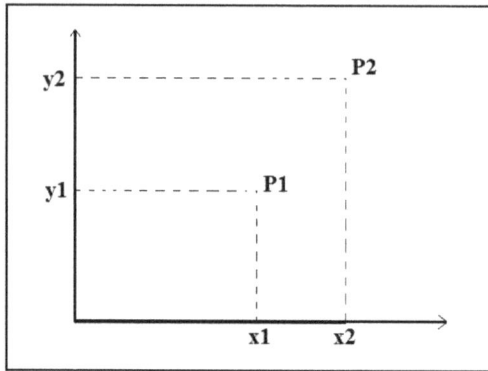

Figure 25 : Coordonnées dans un repère orthonormé

Dans un repère orthonormé, chaque point est défini par son abscisse et son ordonnée. On peut calculer donc le module et l'argument de chaque point ainsi que la distance entre deux points et l'angle faite par la droite (P1P2) et l'axe OX par ces deux formules :

Arg= arctg [(y2-y1)/(x2-x1)].

Mod=$\sqrt{[(x2-x1)2+(y2-y1)2]}$.

Le module Mod traduit la distance parcourue par le robot pour qu'il se déplace de point P1 pour arriver au point P2. L'argument Arg est l'angle de déviation pour que le robot s'oriente vert le point destinataire.

La figure suivante représente le logigramme du suivi de trajectoire :

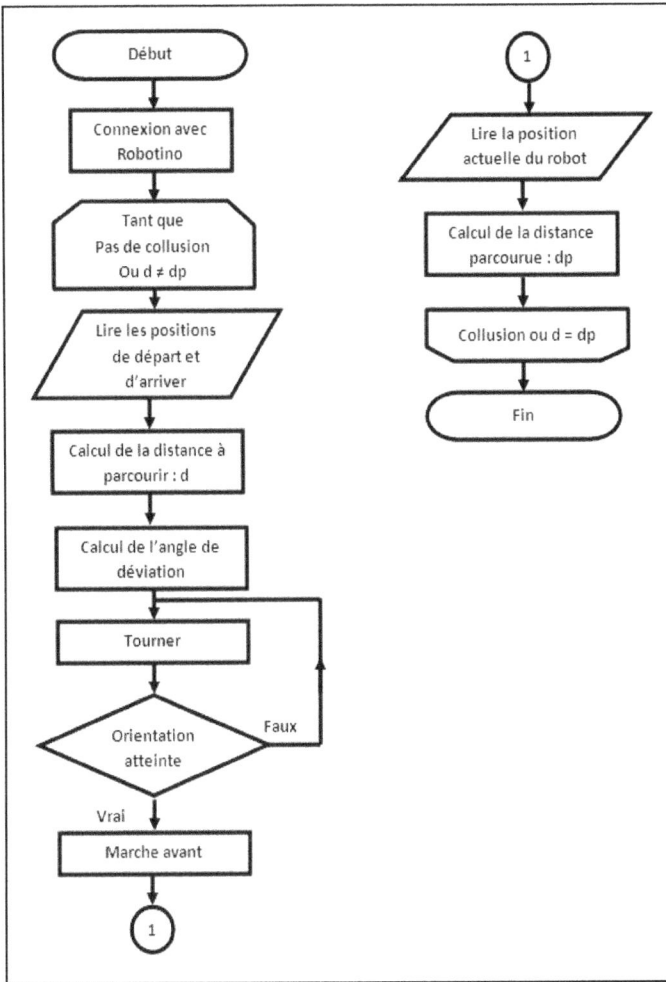

Figure 26:logigramme du suivi de trajectoire

3.2.3. Suivi de mur classique :

Le programme suivi de mur est un système de navigation qui permet au robot de faire des manœuvres pour garder une distance constante par rapport au mur en se basant sur les données des capteurs externes, afin d'éviter la collision avec le mur ou les obstacles.

Nous lançons une boucle "while" basée sur la condition que le pare-chocs du Robotino n'a pas détecté une collision. Après, nous obtenons les valeurs des capteurs à distance et sur la base d'une simple comparaison on décide, si nous approchons d'un mur ou non. En cas où la distance entre le robot et le mur est inférieure ou égale à 12cm, on donne l'ordre pour l'avance transversale. La différence entre la valeur du capteur 0 et la valeur 1, nous permet de garder une distance constante entre le mur et le robot. Ainsi, la différence entre les deux valeurs des capteurs 1 et 8, assure un angle de 90° entre le rayon issu du capteur 0 et le mur.

En représente ci-dessus le logigramme de suivi de mur (figure 27) :

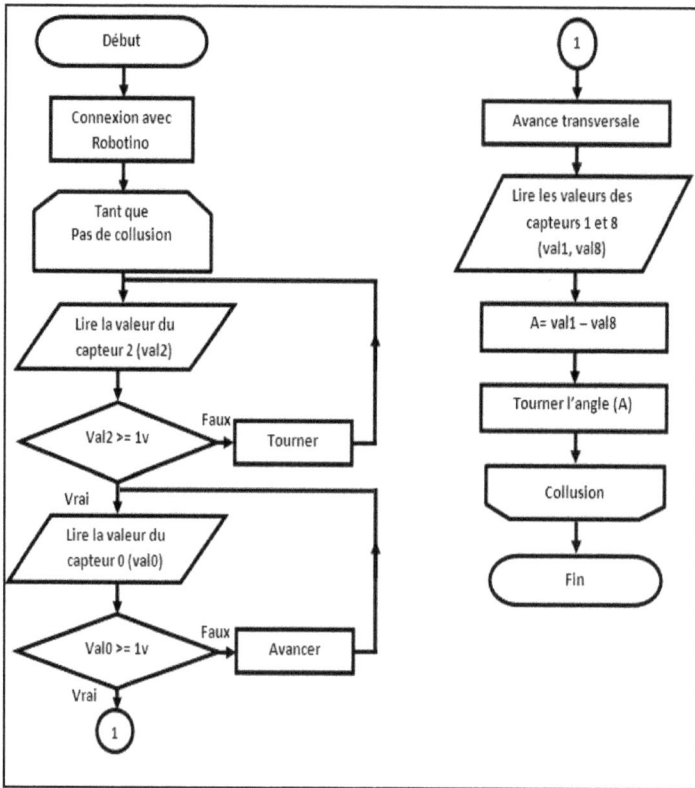

Figure 27 : Logigramme de suivi de mur classique

La figure 28 présente le programme suivi de mur développé sous Matlab :

```
1    ComId = Com_construct;
2    OmniDriveId = OmniDrive_construct;
3    DistanceSensor0Id = DistanceSensor_construct(0);
4    DistanceSensor1Id = DistanceSensor_construct(1);
5    DistanceSensor8Id = DistanceSensor_construct(8);
6    DistanceSensor2Id = DistanceSensor_construct(2);
7    BumperId = Bumper_construct;
8    Com_setAddress(ComId, '172.26.1.1');
9    Com_connect(ComId);
10   OmniDrive_setComId(OmniDriveId, ComId);
11   DistanceSensor_setComId(DistanceSensor0Id, ComId);
12   DistanceSensor_setComId(DistanceSensor1Id, ComId);
13   DistanceSensor_setComId(DistanceSensor8Id, ComId);
14   DistanceSensor_setComId(DistanceSensor2Id, ComId);
15   Bumper_setComId(BumperId, ComId);
16   while (Bumper_value(BumperId) ~= 1)
17       cap0= 1 - value0;
18       cap18 = value1 - value8;
19       if (value2 >= 0.7)
20           OmniDrive_setVelocity(OmniDriveId,-50,0,30);
21       elseif (value2 < 0.7)
22           if (value0 < 1)
23           OmniDrive_setVelocity(OmniDriveId, 100,0,0);
24           elseif (value0 >= 1)
25               if (value1 ~= value8)
26               OmniDrive_setVelocity(OmniDriveId,(cap0*50),100,(cap18*50));
27               else
28               OmniDrive_setVelocity(OmniDriveId,(cap0*50),100,0);
29               end;
30           end;
31       end;
32   end;
33
34
```

Figure 28: Exemple de programmation (programme suivi de mur)

3.3. Programmation de l'interface graphique :

Pour facilité le contrôle de Robotino, nous avons développé une interface graphique. Matlab permet à l'utilisateur de programmer des interfaces graphiques interactives GUIs (Graphic User Interfaces). Une interface utilisateur graphique (GUI) est une interface picturale à un programme. Un bon GUI peut rendre les programmes plus faciles à utiliser en leur fournissant une apparence uniforme et avec commandes intuitives comme des boutons poussoirs, zones de liste, des curseurs, menus, etc.... [6]

Dans la figure suivante, nous avons représenté l'aspect de notre interface graphique :

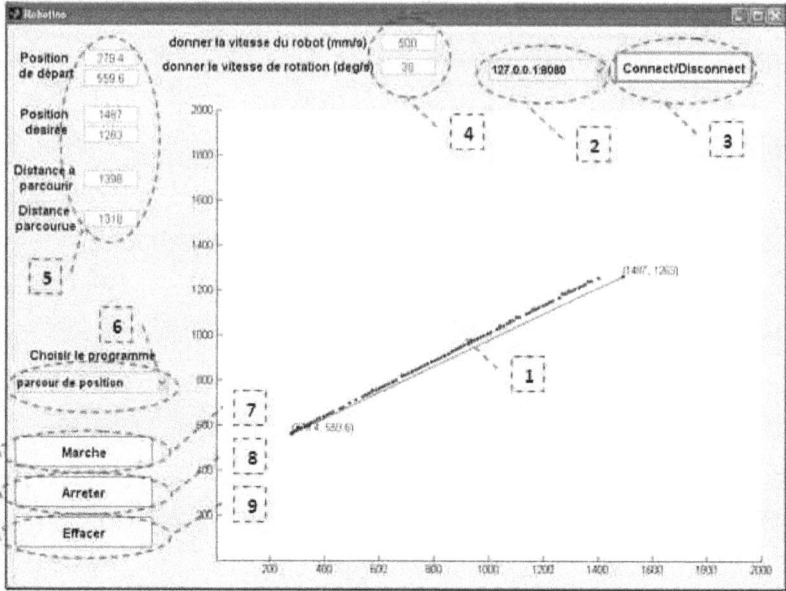

Figure 29: Interface graphique réalisée sous Matlab

Cette interface comporte plusieurs éléments tels qu'un axe, des boutons poussoirs, des zones de textes, un bouton à bascule et des « pop up menu ».

3.3.1. L'axe :

L'axe permet à l'utilisateur de définir les points de départ et d'arriver lors de l'exploitation du programme parcoure de position. Il donne aussi l'image de la trajectoire parcourue par le robot sous forme de points.

3.3.2. Pop up menu 1 :

Cet objet présente une liste d'adresse IP tel que l'adresse du robot et l'adresse du logiciel Robotino Sim. L'utilisateur doit choisir une adresse puis appuyer sur le bouton « connect/disconnect).

3.3.3. Bouton à bascule :

Ce bouton est destiné pour la connexion et la déconnexion. Si le bouton est activé, le programme assure la connexion avec le robot. S'il est inactif, la déconnexion sera effectuée.

3.3.4. Zones de texte éditables :

Elles permettent la saisie des vitesses du robot (vitesse de translation et vitesse de rotation).

3.3.5. Zones de texte non éditables :

Elles sont conçues pour afficher les positions ainsi que la distance à parcourir calculée par le programme et la distance parcourue par le robot.

3.3.6. Pop up menu 2 :

C'est une liste de programmes mémorisés dans le programme de l'interface.

3.3.7. Bouton marche :

Ce bouton donne l'ordre au robot pour effectuer l'algorithme sélectionné.

3.3.8. Bouton arrêter :

Assure l'arrêt du robot.

3.3.9. Bouton effacer :

Après chaque test, l'utilisateur est conseillé de vider tous les champs. Ce bouton est conçu pour effacer les dessins sur la figure.

4. Conclusion :

Dans ce chapitre, nous avons décrit le programme de parcoure de labyrinthe crée avec le logiciel Robotino View. Nous avons aussi présenté les différents algorithmes et l'interface graphique développées sous Matlab.

Chapitre 3 : Base de données et commande neuronale

1. Introduction :

Les réseaux de neurones sont devenus en quelques années des outils précieux dans des domaines très divers de l'industrie et des services.

Ce chapitre vise à collecter la base de données, concevoir, simuler et tester un contrôleur réseau de neurones.

L'objectif principal de notre travail est de déterminer une architecture de réseau de neurone dédié à notre système puis tester le réseau sur Robotino.

2. Relever des bases de données :

Après avoir effectué les tests sur le Robotino, nous avons collecté une base de données qui regroupe les valeurs des capteurs utilisés et les vitesses de robot au cours de l'exécution du programme suivi de mur.

La figure 30 représente une image du Robotino au cours du suivi de mur :

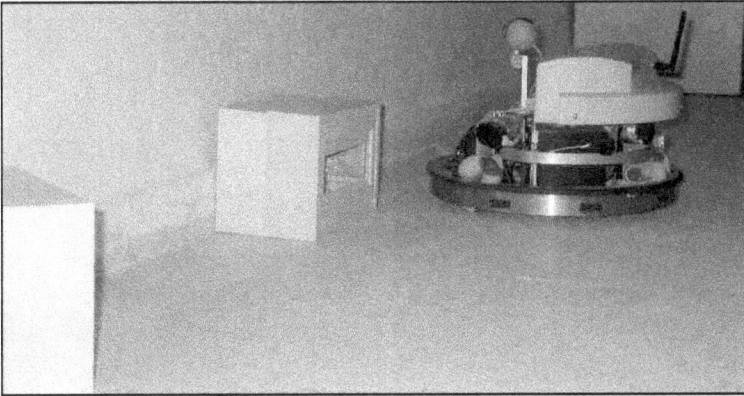

Figure 30: Image du robot au cours de suivi de mur

Nous avons traduit cette base sous forme de courbes pour visualiser les variations des valeurs en fonction du temps.

Dans la figure suivante, nous représentons les variations des tensions issues des capteurs 0 (V0), 1 (V1) et 8 (V8), ainsi que la différence entre les deux tensions V1 et V8, au cours de la navigation du robot.

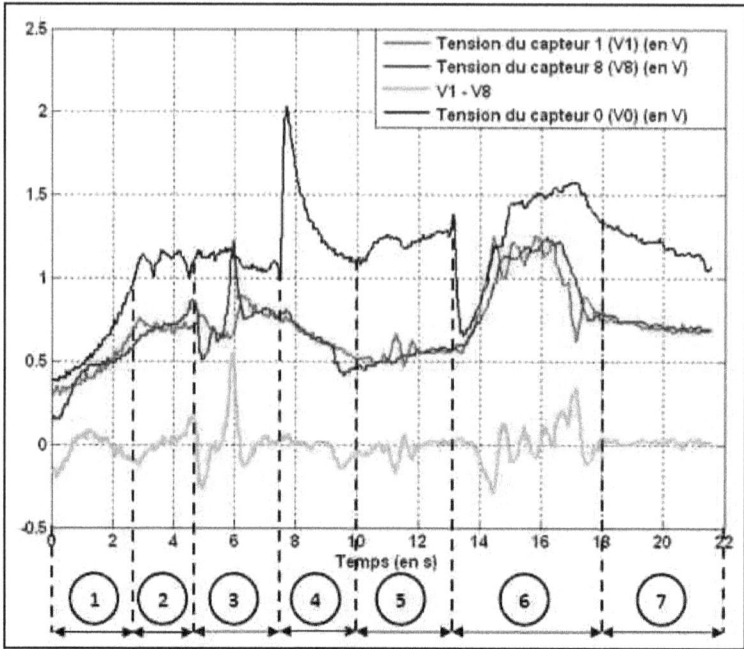

Figure 31: Caractéristiques des tensions des capteurs

❖ L'intervalle 1 : la tension V0 est inférieure à 1, le robot approche de mur et la tension augmente jusqu'à atteindre 1 v (une distance de mur égale à 12 cm), on remarque que l'allure de la courbe n'est pas linéaire, se qui traduit la non linéarité des capteurs utilisés. Au cours de l'approche, le robot est paralelle au mur. Dans le cas ideal, la différence entre les deux tensions V1 et V8, doit être égale à 0. Réellement, les deux capteurs ne donnent pas les mêmes valeurs d'où le palayage de la valeur de la différence entre -0.1 et 0.1.

❖ L'intervalle 2 : le robot suit le mur et la tension du capteur 0 est proche de 1v. les variations de la tension sont causées par la variation de la couleur du mur et du mouvement du robot. Le robot translate en parallèle avec le mur d'où les tensions V1 et V8 sont presque égales.

❖ L'intervalle 3 : le capteur 1 détecte un obstacle, sa tension augmente et la valeur de la différence change pour donner l'ordre au robot de tourner.

❖ L'intervalle 4 : la valeur de la tension V0 a augmenté à cause de la présence d'un obstacle. Ensuite, elle chute lorsque le robot s'éloigne.

❖ L'intervalle 5 : le robot reprend sa trajectoire de suivi.

❖ L'intervalle 6 : le robot détecte la fin de l'obstacle, la valeur V0 est diminuée car la distance par rapport au mur a augmentée et le robot règle son orientation avec le mur ce qui explique les grande variations de la différence (V1 − V8)

❖ L'intervalle 7 : le robot reprend sa position initial et continu la navigation.

Les caracteristiques de la vitesse sur l'axe x (Vx) et la vitesse de rotation en fonction du temps sont représentées dans la figure 32 :

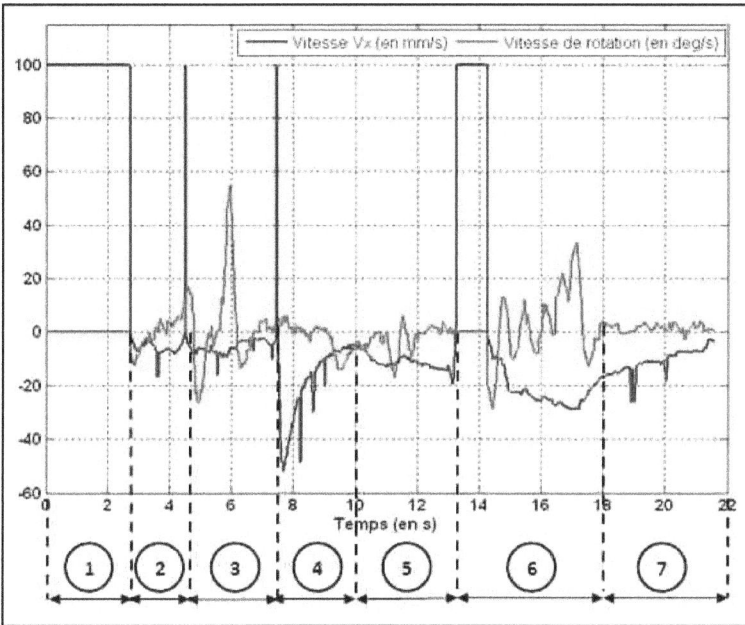

Figure 32 : caractéristique de Vx en fonction de temps

❖ L'intervalle 1 : le robot avance, vers le mur, sur l'axe x avec une vitesse 100 mm/s et une vitesse de rotation nulle.

❖ L'intervalle 2 : le robot suit le mur et la vitesse Vx est réglée avec une constante égale à (1- V0). La vitesse de rotation est égale à (30 x (V1-V2)) pour le réglage de l'orientation.

❖ L'intervalle 3 : Un obstacle est détecté par le capteur 1, le robot tourne à gauche pour l'évité.

❖ L'intervalle 4 : le capteur 0 détecte l'obstacle donc le robot recule un peu pour garder la distance de consigne.

❖ L'intervalle 5 : le rebot translate sur l'axe y en gardant une distance fixe.

❖ L'intervalle 6 : le robot passe l'obstacle et avance pour retourner la distance 12cm et un réglage d'orientation est effectué.

❖ L'intervalle 6 : le robot suivi le mur en réglant la distance et l'orientation.

La figure ci-dessous présente la variation de la vitesse sur l'axe y (Vy) au cours de la navigation du robot :

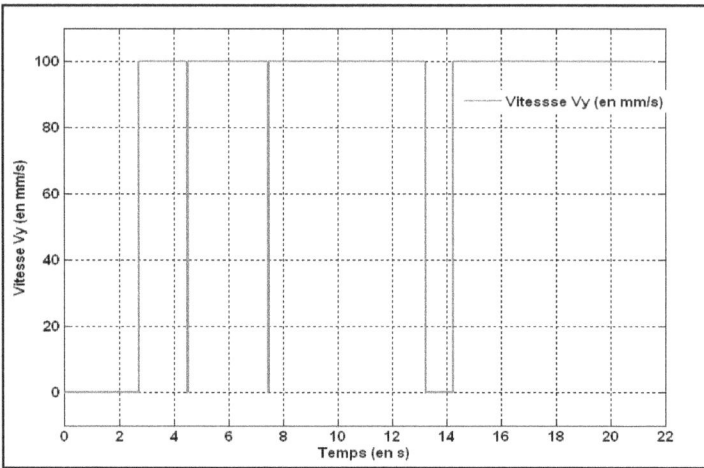

Figure 33: Caractéristique de Vy en fonction de temps

On remarque que Vy prend deux valeurs au cours de la navigation (0 et 100).

Quand Vy=0 : le robot est en marche avant sur l'axe x.

Quand Vy=100 mm/s : le robot fait une translation sur l'axe y.

3. Présentation des réseaux de neurones:[7]

Les réseaux de neurones réalisent un traitement d'information distribué et ils sont composés d'unités de calcul primitives (les neurones) fonctionnant en parallèle et reliées entre elles par des connexions (les synapses). Le principe général de fonctionnement d'un réseau de neurones est la transmission de l'activité d'un groupe de neurones à un autre via les synapses.

46

Dans un réseau, la connaissance est généralement répartie et elle est stockée dans la topologie des neurones et dans les poids des connexions. Les réseaux de neurones s'organisent par des méthodes d'apprentissage automatique et on n'a pas besoin de connaître les règles logiques qui modélisent ce processus, ce qui permet leur utilisation d'une manière simple et rapide. Ils nous permettent d'avoir des systèmes rapides et précis vu le parallélisme des neurones, sans oublier que les neurones sont des composants non linéaire, et par conséquent le réseau aussi ce qui permet de traiter des problèmes physiques non linéaire.

4. Architecture des réseaux de neurones: le perceptron multicouche :

Le perceptron multicouche est un réseau dans lequel l'information se propage de couche en couche sans retour en arrière possible. Il est une extension du perceptron monocouche, avec une ou plusieurs couches cachées entre l'entrée et la sortie. Chaque neurone dans une couche est connecté à tous les neurones de la couche précédente et de la couche suivante (excepté pour les couches d'entrée et de sortie) et il n'y a pas de connexions entre les cellules d'une même couche. Les fonctions d'activation utilisées dans ce type de réseaux sont principalement les fonctions à seuil ou sigmoïdes. Il peut résoudre des problèmes non-linéairement séparables et des problèmes logiques plus compliqués, et notamment le fameux problème du XOR. Il suit aussi un apprentissage supervisé selon la règle de correction de l'erreur. La figure 34 présente un exemple d'un réseau de neurones multicouches.

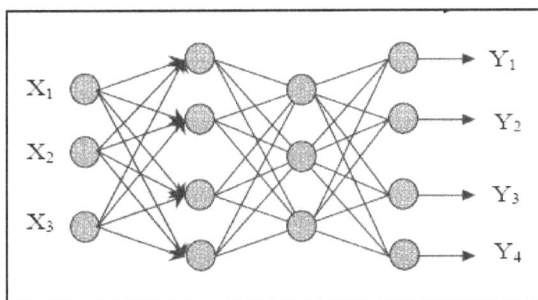

Figure 34: Exemple d'un réseau de neurones multicouche

5. La fonction d'activation « sigmoïde » :

Chaque neurone du réseau admet une fonction d'activation. Le choix de cette fonction révèle être un élément important pour la synthèse des réseaux de neurones.

- La fonction sigmoïde :

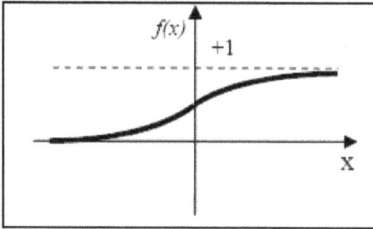

$$f(x) = \frac{1}{1+e^{-x}}$$

la fonction sigmoïde présente l'avantage d'être dérivable ce qui va être utile par la suite ainsi qu'elle donne des valeurs intermédiaires des réels compris entre 0 et 1, ainsi qu'elle est une fonction non linéaire donc elle présente un bon choix pour résoudre des systèmes non linéaires.

C'est pour cela que nous avons la choisi pour qu'elle soit la fonction d'activation de tous les neurones du réseau.

6. Les types d'apprentissage:

Pour un réseau de neurones, l'apprentissage peut être considéré comme le problème de la mise à jour des poids des connexions au sein du réseau, afin de réussir la tâche qui lui est demandée. L'apprentissage est la caractéristique principale des réseaux de neurones et il peut se faire de différentes manières et selon différentes règles. Pour notre application, nous avons choisi de travailler avec un réseau multicouche qui suit un apprentissage supervisé.

Dans ce type d'apprentissage, le réseau s'adapte par comparaison entre le résultat qu'il a calculé, en fonction des entrées fournies, et la réponse attendue en sortie. Ainsi, le réseau va se modifier jusqu'a ce qu'il trouve la bonne sortie, c'est-à-dire celle attendue, correspondant à une entrée donnée.

7. La rétro-propagation de l'erreur :

La méthode dite de "rétro-propagation de l'erreur" est une technique d'apprentissage "supervisée", c'est à dire que, pour apprendre, le réseau doit connaître la réponse théorique (celle qu'il doit apprendre). Si la réponse calculée est différente, on modifie les poids de manière à diminuer l'erreur commise par la cellule correspondant à la réponse. Le calcul de prise en compte de l'erreur est le même pour toutes les couches, mais celui du signal d'erreur diffère selon la couche. Pour notre application, nous avons utilisé l'algorithme de la rétro-propagation du gradient (Voir annexe 8).

8. Système suivi de mur :

Notre travail à pour but de concevoir un réseau de neurone pour la commande du robot lors de la suivi de mur.

Comme il était décrit dans le chapitre président, le robot doit faire des manœuvres pour garder une distance constante par rapport au mur en se basant sur les données des capteurs externes, afin d'éviter la collision avec le mur ou les obstacles.

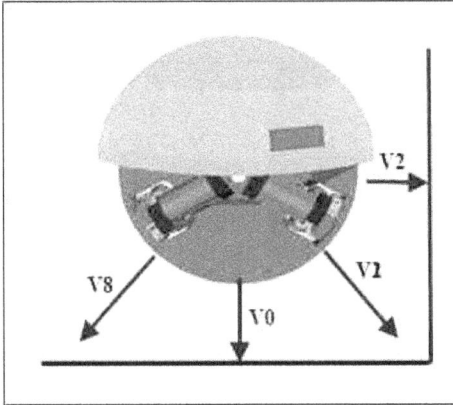

Figure 35 : Définition de la distance entre le robot et le mur

8.1. Détermination de la base d'apprentissage:

Pour obtenir la base d'apprentissage, nous avons utilisé l'algorithme de navigation suivi de mur.

8.2. Choix du réseau de neurones :

Dans notre application, on a choisi d'utiliser les réseaux de neurones de type multicouche. Ils se prêtent le mieux pour notre cas grâce à la simplicité de leur mise en œuvre et au déroulement parallèle des calculs qui rendent l'apprentissage plus efficace.

Le de couche et le nombre de neurones sont déterminés de manière expérimentale (il n'existe pas de règles pour les déterminer).On a utilisé l'algorithme de rétro-propagation du gradient.

Après plusieurs tests en simulation, le réseau de neurones retenu est constitué de 4 couches :

- une couche d'entrée qui reçoit les entrés des capteurs (0, 1, 8 et 2) pour donner la distance et l'orientation du robot par rapport au mur.

- une couche cachée, comporte 3 neurones.

- une deuxième couche cachée, comporte 4 neurones.

- une couche de sortie qui fournit les vitesses Vx et Vy et la vitesse de rotation.

La figure 36 présente l'architecture de ce réseau.

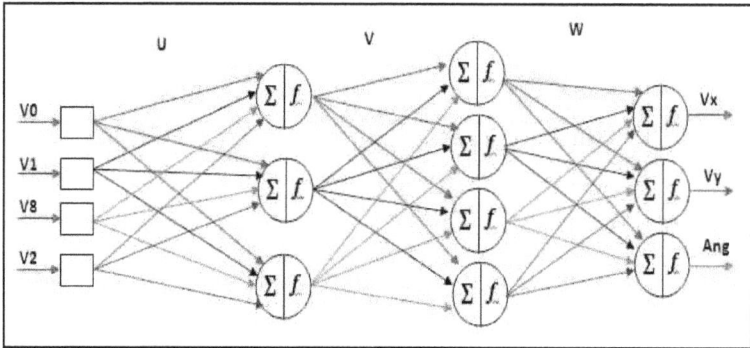

Figure 36 : l'architecture du réseau utilisé

Pour améliorer l'apprentissage de notre réseau, on a effectué les étapes suivantes :
- Normalisation de la base d'apprentissage
- Phase d'apprentissage
- Phase de test

8.2.1. Normalisation :

Afin d'améliorer la performance des réseaux neurones multicouches, il est préférable de normaliser les données d'entrée et de sortie de telle sorte qu'elles se trouvent dans le domaine de fonctionnement de la fonction sigmoïde [0.05, 0.95].

- Normalisation des entrées :
  - ✓ L'entrée V0 :
    V0n = a0*V0 + b0 ; avec : a0= (0,95 − 0,05) / (V0max − V0min)
    b0= 0,05 − (a0* V0min)
  - ✓ L'entrée V1 :
    V1n = a1*V1+ b1 ; avec : a1= (0,95 − 0,05) / (V1max − V1min)
    b1= 0,05 − (a1* V0min)

50

✓ L'entrée V8 :

V8n = a2*V8+ b2 ;   avec : a2= (0,95 − 0,05) / (V8max − V8min)

b2= 0,05 − (a2* V8min)

✓ L'entrée V2 :

V2n = a3*V2+ b3 ; avec : a3= (0,95 − 0,05) / (V2max − V2min)

b3= 0,05 − (a3* V2min)

- Normalisation des sorties :

✓ la sortie Vx :

Vxn = s0*Vx+ s1; avec: s0= (0, 95 − 0, 05) / (Vxmax − Vxmin)

s1= 0,05 − (s0* Vxmin)

✓ la sortie Vy :

Vyn = s2*Vy+ s3; avec: s2= (0, 95 − 0, 05) / (Vymax − Vymin)

s3= 0,05 − (s2* Vymin)

✓ la sortie Ang :

Angn = s4*Ang+ s5; avec: s4= (0, 95 − 0, 05) / (Angmax − Angmin)

s5= 0,05 − (s4* Angmin)

8.2.2. Phase d'apprentissage :

Une fois la structure fixée, il faut passer par le processus d'apprentissage, par lequel les poids vont être ajustés de manière à satisfaire un critère d'optimisation.

Pour chaque vecteur [V0n,V1n,V8n,V2n], l'erreur sera calculé par la différence entre les sorties réels [Vxn,Vyn,Angn] et les sorties estimés du réseau [Vxe,Vye,Ange] afin de corriger les poids du réseau. Voir figure 37.

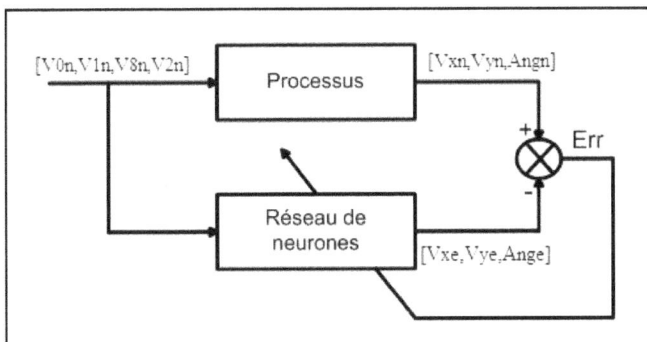

Figure 37:Schéma synoptique du procédé d'apprentissage du réseau de neurones

Après simulation on a trouvé que l'erreur d'apprentissage est égale à $(3,0307 \times 10^{-4})$ avec un pas d'itération égale à 1. L'évolution du critère d'apprentissage est représentée par la figure 38 :

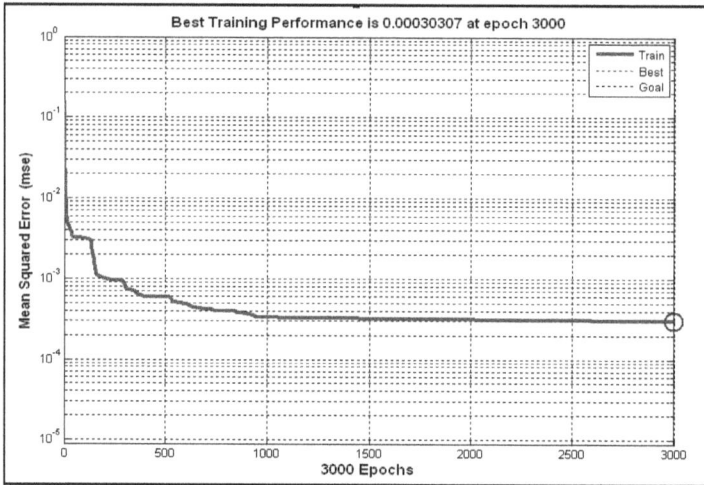

Figure 38:Evolution du critère d'apprentissage

La figure 39 représente la sortie désirée Vxn et la sortie estimée par le réseau Vxe :

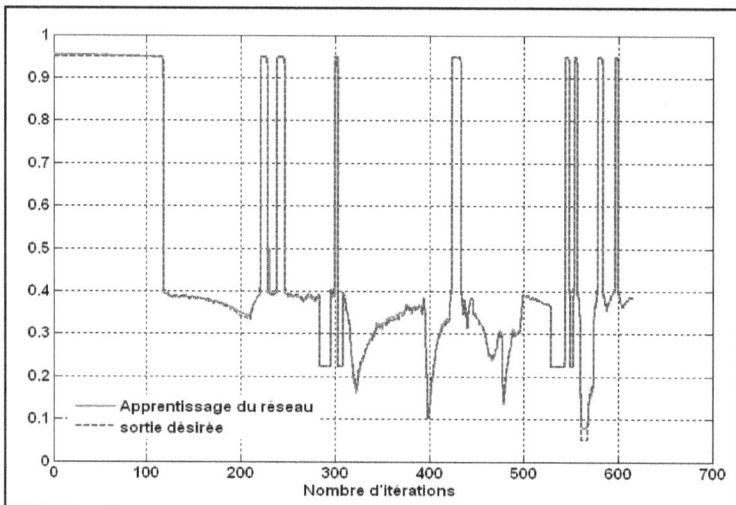

Figure 39 : caractéristique de Vxn et Vxe

La figure 40 représente la sortie désirée Vyn et la sortie estimée par le réseau Vye :

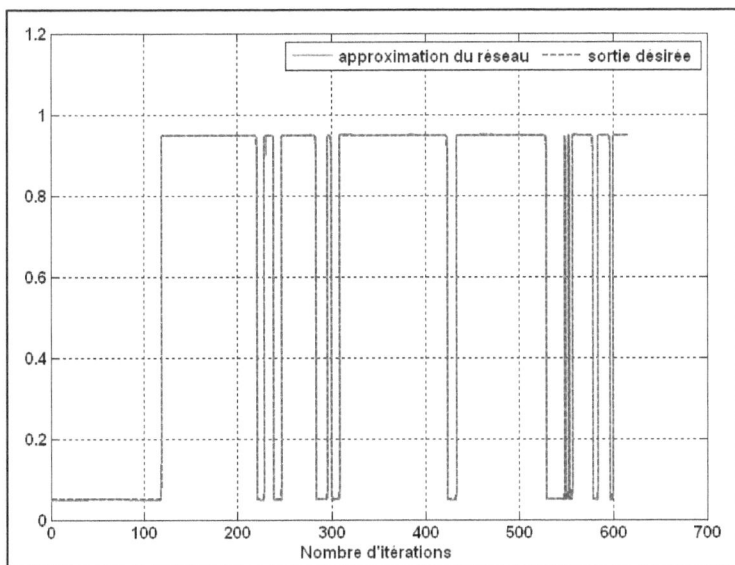

Figure 40: Caractéristique de Vyn et Vye

La figure 41 représente la sortie réelle Angn et la sortie estimée par le réseau Ange :

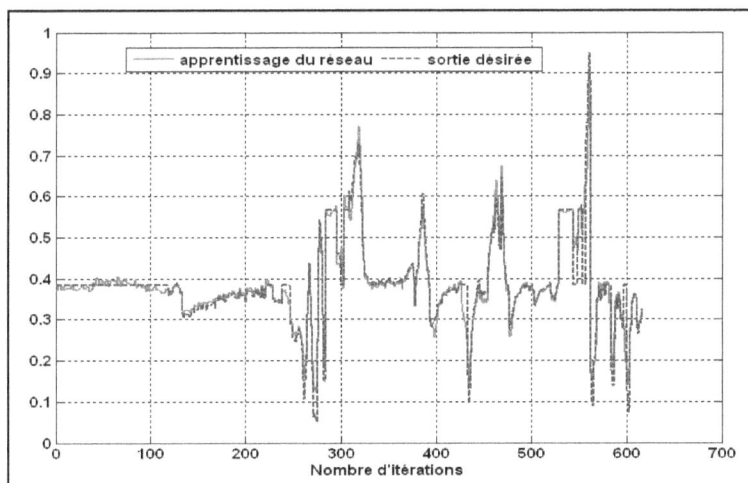

Figure 41:Caractéristique de Angn et Ange

Les figures 39, 40 et 41 montrent que le réseau poursuit l'allure de la fonction du système réel donc on peut déduire que notre architecture de réseau de neurone multicouche est entrain d'apprendre correctement avec une erreur quadratique qui négligeable.

Les Tableaux suivants donnent les poids et les biais des deux couches cachées ainsi que de la couche de sortie après apprentissage.

1er couche cachée	2er couche cachée	Couche de sortie
$W_{1,1}= -0,0006$	$W_{1,1}= -30,0095$	$W_{1,1}= -23,2083$
$W_{1,2}= 0,5562$	$W_{1,2}= 25,7618$	$W_{1,2}= 0,5877$
$W_{1,3}= -0,0012$	$W_{1,3}= 0,7990$	$W_{1,3}= 0,0130$
	$W_{1,4}= 35,6105$	$W_{2,1}= -24,0961$
$W_{2,1}= -0,6127$	$W_{2,1}= -16,6933$	$W_{2,2}= -0,3640$
$W_{2,2}= -53,0794$	$W_{2,2}= 45,6552$	$W_{2,3}= 0,0191$
$W_{2,3}= 0,5790$	$W_{2,3}= 9,42e\text{-}05$	$W_{3,1}= -3,9385$
	$W_{2,4}= -46,5074$	$W_{3,2}= -0,0024$
$W_{3,1}= 0,5780$	$W_{3,1}= -4,0799$	$W_{3,3}= -17,2724$
$W_{3,2}= -73,7765$	$W_{3,2}= -26,3867$	$W_{4,1}= -23,7473$
$W_{3,3}= -0,5453$	$W_{3,3}= -0,7101$	$W_{4,2}= -0,3715$
$W_{4,1}= -0,1524$	$W_{3,4}= -13,8190$	$W_{4,3}= 0,0191$
$W_{4,2}= -0,3430$	$B_{2,1}= 39,5407$	$B_{3,1}= 51,0207$
$W_{4,3}= -0,1497$	$B_{2,2}= -42,3166$	$B_{3,2}= 0,7366$
$B_{1,1}= 13,6157$	$B_{2,3}= -0,7097$	$B_{3,3}= 6,7758$
$B_{1,2}= 128,5316$	$B_{2,4}= 27,1193$	
$B_{1,3}= 12,9071$		

Tableau 1: Valeurs des poids et des biais de la première couche cachée

Tableau 2 : Valeurs des poids et des biais de la deuxième couche cachée

Tableau 3 : Valeurs des poids et des biais de la couche de sortie

8.2.3. Phase de test :

Une fois le réseau de neurones entraîné (après apprentissage), il est nécessaire de le tester sur une base de données différente de celles utilisées pour l'apprentissage. Ce test permet à la fois d'apprécier les performances du système neuronal et de détecter le type de données qui pose problème. Si les performances ne sont pas satisfaisantes, il faudra soit modifier l'architecture du réseau, soit modifier la base d'apprentissage.

La figure 42 représente le schéma de simulation de la sortie Vxt calculée par le réseau
après le test et de la sortie Vxe désirée du système.

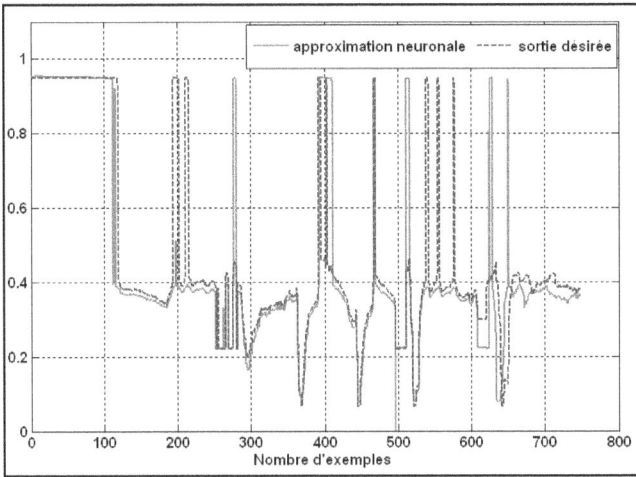

**Figure 42: Schéma de simulation de Vxe désirée du système et Vxt
calculée après le test.**

La figure 43 représente le schéma de simulation de la sortie Vyt calculée par le réseau
après le test et de la sortie Vye désirée du système.

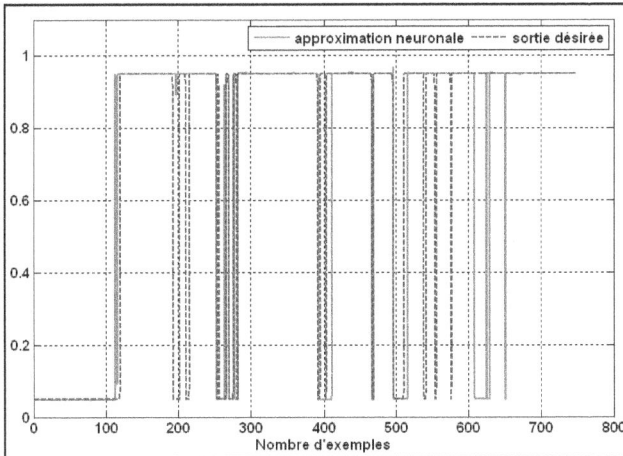

**Figure 43:Schéma de simulation de Vye désirée du système et Vyt
calculée après le test.**

La figure 44 représente le schéma de simulation de la sortie angt calculée par le réseau après le test et de la sortie ange désirée du système.

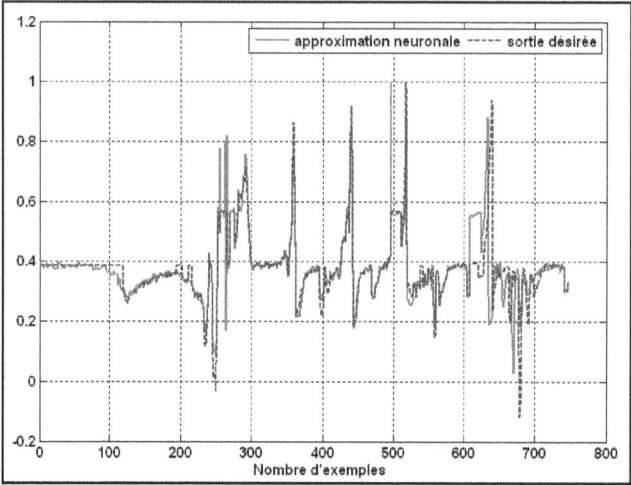

Figure 44: Schéma de simulation de ange désirée du système et angt calculée après le test.

Les figures 42, 43 et 44 montrent que le réseau continue à poursuivre les allures de Vx, Vy et ang de la base de test et répond correctement à des informations qui les traitent pour la première fois.

8.2.4. Phase d'implémentation:

Après avoir validé l'architecture du réseau de neurone sur une base de test, on passe pour la phase pratique. Pour l'implémentation du réseau sur le CPU de Robotino, nous avons recouru à l'algorithme suivant :

1- Lecture des valeurs des capteurs.
2- Normalisation de entrés.
3- Contrôleur neuronal.
4- Génération des sorties.
5- Envoi des vitesses vers le robot.

Cet algorithme est exécuté dans une boucle « while » pendant un temps de 40s.

La figure suivante représente la caractéristique de la vitesse Vx au cours de la navigation du robot par l'algorithme de suivi de mur classique (en bleu) et par l'approximation neuronale (en rouge) :

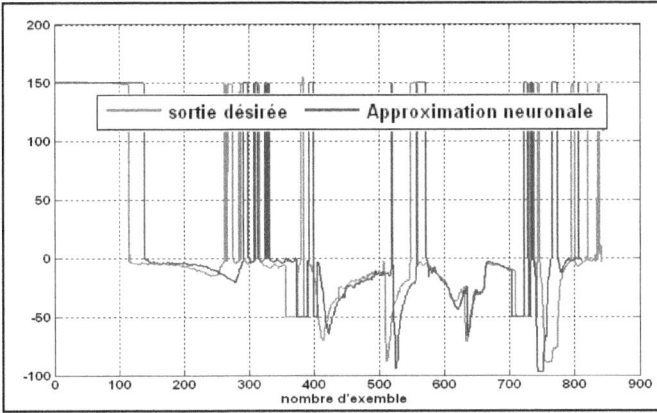

Figure 45: approximation neuronale de Vx.

La figure 46 représente la caractéristique de la vitesse Vy au cours de la navigation du robot par l'algorithme de suivi de mur classique (en bleu) et par l'approximation neuronale (en rouge) :

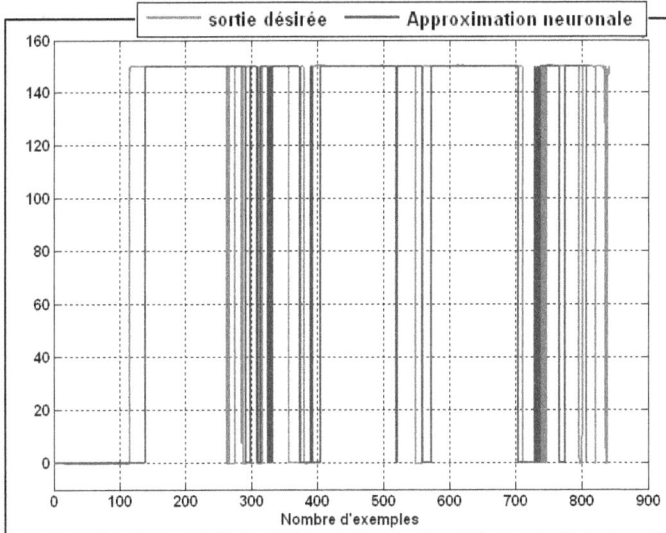

Figure 46: Approximation neuronale de Vy.

La figure 47 représente la caractéristique de la vitesse de rotation au cours de la navigation du robot par l'algorithme de suivi de mur classique (en bleu) et par l'approximation neuronale (en rouge) :

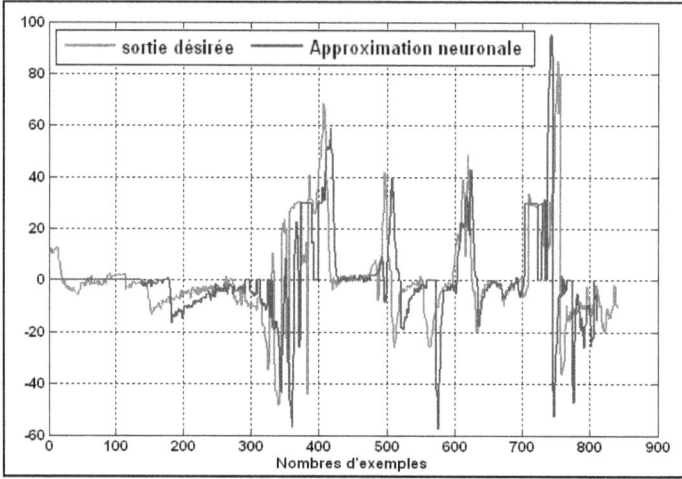

Figure 47:approximation neuronale de la vitesse de rotation

Les résultats obtenus à partir des rapports du test et de l'implémentation montrent que le contrôleur neuronal admet un temps de réponse plus rapide et une stabilité meilleure que le contrôleur initial classique. Cet algorithme est alors capable de faire la tâche principale de suivi de mur en tenant compte des différents facteurs comme le maintien d'une marche rectiligne, l'évitement des obstacles….

9. Conclusion :

Nous avons présenté dans le début de ce chapitre les résultats du test de l'algorithme de suivi de mur classique. Ensuite nous avons développé une architecture de réseau de neurones pour la commande du robot.

Les simulations et les tests expérimentaux montrent que le contrôleur neuronal est plus performant que le contrôleur classique en termes de stabilité et rapidité.

Conclusion Générale

La robotique est un domaine pluridisciplinaire exemplaire qui comprend plusieurs thématiques telles que l'électronique, l'automatique, l'informatique, la mécanique, la mécatronique, ou la commande intelligente. Dans ce cadre, nous avons eux l'occasion de travailler sur la plateforme Robotino de « FESTO ». Ce robot est équipé de plusieurs composants tels qu'un PC104, des capteurs, des moteurs, … A partir de ses éléments nous avons pus développer plusieurs programmes avec différents logiciels.

Notre travail a été décomposé en trois grands chapitres.

Dans le premier chapitre, nous avons détaillé la partie matériel de Robotino tel que les capteurs, l'unité d'entrainement, la partie commande gérée par la carte MOPSlcdVE,….. Nous avons ensuite présenté les logiciels utilisés pour la programmation tels que RobotinoView et Matlab/Simulink.

Nous avons présenté, dans le deuxième chapitre, la programmation d'une trajectoire dans un labyrinthe. Ensuite nous avons testé et implémenté cet algorithme sur Robotino en utilisant Robotino View. Par la suite, nous avons présenté les différentes commandes Matlab dédiés à Robotino.

Dans le troisième chapitre, nous avons au départ commencé de collecter une base de données pour une application de suivi de mur avec évitement d'obstacles. Ensuite, nous avons travaillé avec une architecture de réseau de neurones à 4 entrées, 2 couches cachées et 3 sorties. Les résultats de la simulation montrent une erreur de $3{,}03 \times 10^{-4}$ ce qui signifie que l'apprentissage du réseau est réalisé. Les tests expérimentaux ont bien validés ce travail. Le contrôleur neuronal ainsi développé est plus rapide et plus stable que le contrôleur classique.

Comme perspectives, on peut améliorer l'algorithme d'apprentissage et utiliser la caméra embarquée sur le robot pour enrichir la base de données.

Bibliographie

[1] l'histoire des robot/Agence spatiale Canadienne.pdf

[2] www.un-monde-de-robot-en-2050.jimdo.com

[3] http://www.festo.com/cms/fr-be_be/11614.htm

[4] http://wiki.openrobotino.org/index.php

[5] RobotinoView2.pdf

[6] Matlab 7 - Creating Graphical User Interfaces.pdf

[7] Souissi Med Ali, Etude et Implémentation de réseau de neurones multicouche sur FPGA.

[8] www.wikipedia.org\wiki\Train_épicycloïdal

[9] www.wikipedia.org/wiki/Aibo

[10] http://fr.kontron.com/

[11] http://www.dunkermotor.com/default.asp

Annexe

1. Annexe 1 : Le moteur GR 42/25 :

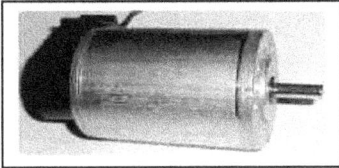

Moteur DC (GR 42x25)	Valeur	Unité
Tension nominale	24	V DC
Vitesse nominale	3600	tr/min
Couple nominale	3.8	Ncm
Courant nominal	0.9	A
Vitesse à vide	4200	tr/min
Courant à vide	0.17	A
Moment d'inertie	71	gcm^2
Masse	390	g

2. Annexe 2 : Le réducteur :

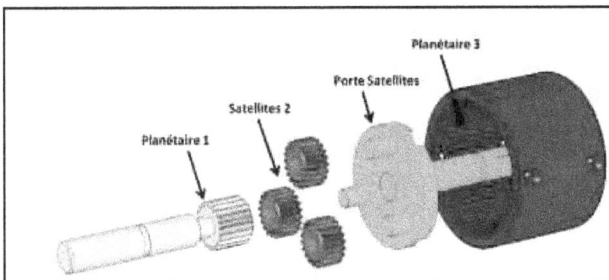

3. Annexe 3 : Codeur incrémental :

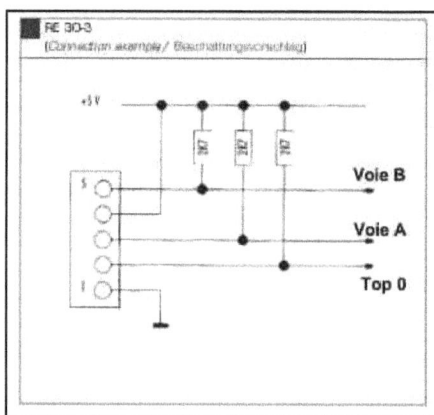

Caractéristiques		Modèle RE 30-2
Tension d'alimentation	VDC	5
Nombre d'impulsions par tour (ou nombre de points par tour)	ppr	500
Temps de montée	ns	200
Temps de descente	ns*	50
Courant absorbé	mA	17 (max. 40)
Tension de sortie niveau bas	VDC	max. 0,4 (3.2 mA)
Tension de sortie niveau haut	VDC	min. 2,4 (40 µA)
Température d'utilisation	°C	- 40 ... + 100
Indice de protection	IP	30

* CL =25pF; R= 11kΩ

4. Annexe 4 : Caméra Logitech L23-0055:

Technical Specifications	
Image Sensor	Colour VGA CMOS
Colour Depth	24 Bit True Colour
PC-connection	USB 1.1
Video resolutions	160 x 120, 30fps (SQCGA) 176 x 144, 30fps (QCIF) 320 x 240, 30fps (QVGA) 352 x 288, 30fps (CIF) 640 x 480, 15fps (VGA)
Still Image Resolutions	160 x 120 (SQCGA) 176 x 144 (QCIF) 320 x 240 (QVGA) 352 x 288 (CIF) 640 x 480 (VGA) 1024 x 768 (SVGA)
Still Capture Format	BMP, JPG

5. Annexe 5 : Capteur Sharp GP2D120 :

PARAMETER	SYMBOL	RATING	UNIT
Supply Voltage	V_{CC}	-0.3 to +7	V
Output Terminal Voltage	V_O	-0.3 to (V_{CC} +0.3)	V
Operating Temperature	Topr	-10 to +60	°C
Storage Temperature	Tstg	-40 to +70	°C

PARAMETER	SYMBOL	CONDITIONS	MIN.	TYP.	MAX.	UNIT	NOTES
Measuring Distance Range	ΔL		4	—	30	cm	1, 2
Output Terminal Voltage	V_O	L = 30 cm	0.25	0.4	0.55	V	1, 2
Output Voltage Difference	ΔV_O	Output change at ΔL (30 cm – 4 cm)	1.95	2.25	2.55	V	1, 2
Average Supply Current	I_{CC}	L = 30 cm	—	33	50	mA	1, 2

63

MEASURING DISTANCE IC

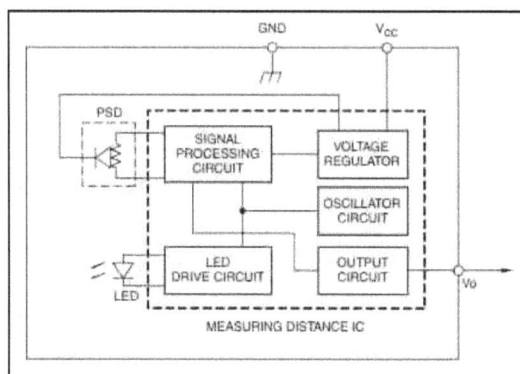

6. Annexe 6 : Capteur anti-collusion MAYSAR GP50 EPDM :

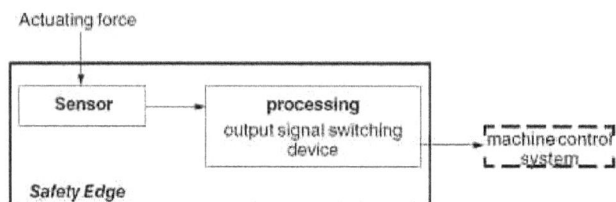

Contact element   Connecting cable   Control unit

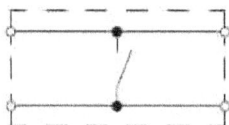

1.	Protection class sensor *)	IP 65		
2.	Switching operations sensor *)	> 10⁵		
3.	Switching times	GP 39 EPDM	GP 50 EPDM	GP 60 EPDM
	Control unit SG-	EFS 1X4 ZK2/1		
3.1	Response time *)	38 ms	144 ms	95 ms
	Test speed	100 mm/s	100 mm/s	100 mm/s
3.2	Reset	manual or automatic		

7. Annexe 7 : Processeur PC-104 de KONTRON (MOPSlcdVE) :

Technical Data

- Full PC/104 compliant Industry Standard
- CPU:
  - VIA Eden™ 300 MHz (Fanless), 66MHz FSB
  - VIA Eden™ 600 MHz (Fan), 133MHz FSB
  - VIA Eden™ 1.0 GHz (Fan), 133MHz FSB
- Chipset: VIA TwisterT
- SDRAM: SODIMM socket for up to 512 Mbyte
- Graphic: S3 Savage 4 engine on-chip, JILI
- VRAM: up to 32 MB VRAM UMA
- Panel / CRT   ✓ / ✓
- 10/100 BaseT Ethernet   ✓
- USB   2x, with Legacy support
- EIDE interface   ✓
- Floppy Interface   ✓
- Printer Interface   ✓

- Keyboard/Mouse Controller   ✓ / ✓
- RS232C   2x
- LANBoot   ✓
- DarkBoot   ✓
- Watchdog   ✓
- Real Time Clock   ✓
- Dimensions: 96x90 mm (3.8 x 3.6")
- Power supply: 5V only
- Plug'n Play compatible to all other MOPS and therefore exchangeable
- Temperature:
  - Operation: please see Manual
  - Storage: -10° to 85°C

8. Annexe 8 : Algorithme de rétro-propagation du gradient:

Cet algorithme est une généralisation de la règle delta de Widrow – hoff.

Soient les vecteurs X= $(x_1,.....x_n)$, Y= $(y_1,......y_m)$ et S= $(s_1,....s_m)$ qui désignent respectivement, le vecteur des entrées, le vecteur des sorties désirées et le vecteur des sorties effectivement obtenues.

La fonction d'activation la plus utilisée est la fonction sigmoïde sa dérivée est donnée par l'équation:

$$f'(X) = f(X)(1 - f(X))$$

L'entrée et la sortie du neurone v sont désignées par : $I_v = \sum_j w_{jv} O_j$ et O_v = f(I_v)

L'erreur commise sur toute la base est : $\varepsilon = \sum_p \varepsilon^p$ où ε^p représente l'erreur commise sur l'exemple

p est donné par: $\varepsilon^p = \sum_{i=1}^m \frac{1}{2}\left(s_i^p - y_i^p\right)^2$

L'algorithme de rétro propagation est une approximation de la méthode du gradient puisqu'il effectue la modification de chaque poids après chaque passage d'un exemple suivant la formule :

$$w_{uv}(\sigma) = w_{uv}(\sigma-1) - \mu \frac{\partial \varepsilon^p}{\partial w_{uv}}(\sigma-1)$$

t désigne le nombre d'itération, μ est le pas du gradient à l'itération t. il faut donc calculer pour tous les poids w_{uv} le gradient de E^p

$$\frac{\partial \varepsilon^p}{\partial w_{uv}} = \frac{\partial \varepsilon^p}{\partial I_v} \frac{\partial I_v}{\partial w_{uv}} = \frac{\partial \varepsilon}{\partial I_v} O_u$$

L'indice j porte sur des neurones appartenant à la couche précédente celle de v, les sorties O_j de ces neurones ne dépend pas de w_{uv}. Si on pose d_v = $\frac{\partial \varepsilon^p}{\partial I_v}$, on a donc:

$$w_{uv}(\sigma) = w_{uv}(\sigma-1) - \varepsilon(\sigma) d_v O_u$$

Pour un neurone v appartenant à la couche de sortie, on a :

$$d_v = \left(s_v^p - y_v^p\right) f'(I_v)$$

Pour les neurones de la couche cachée, on a: $d_v = \sum d_h w_{vh} f'(I_v)$

www.ingramcontent.com/pod-product-compliance
Lightning Source LLC
Chambersburg PA
CBHW021607210326
41599CB00010B/638